·过鱼设施丛书·

鱼类游泳能力分析及
在过鱼设施中的应用

石小涛　柯森繁　涂志英　金志军　著

科学出版社

北　京

内 容 简 介

本书针对过鱼设施设计中普遍应用的鱼类行为进行梳理概括,总结在过鱼设施设计中需考虑的鱼类关键行为指标,内容包括水电开发对鱼类的影响、过鱼设施设计与鱼类游泳行为、鱼类游泳能力研究、鱼类过障行为研究及鱼类游泳能力在过鱼设施设计中的应用。本书通过解读与过鱼设施相关的鱼类行为及工程设计案例,为鱼类行为研究及在过鱼设施中的应用提供重要参考依据。本书部分插图附有彩图二维码,扫码可见。

本书适合生态水工及相关领域的研究人员阅读和参考。

图书在版编目(CIP)数据

鱼类游泳能力分析及在过鱼设施中的应用 / 石小涛等著. -- 北京:科学出版社, 2024.6. -- (过鱼设施丛书). -- ISBN 978-7-03-078909-9

Ⅰ. Q958.1;S956

中国国家版本馆 CIP 数据核字第 2024XS1987 号

责任编辑:闫 陶/责任校对:高 嵘
责任印制:彭 超/封面设计:无极书装

科学出版社 出版

北京东黄城根北街 16 号
邮政编码:100717
http://www.sciencep.com

武汉市首壹印务有限公司印刷
科学出版社发行 各地新华书店经销
*

开本:787×1092 1/16
2024 年 6 月第 一 版   印张:9 1/4
2024 年 6 月第一次印刷   字数:222 000
定价:78.00 元
(如有印装质量问题,我社负责调换)

"过鱼设施丛书"编委会

"过鱼设施丛书"序

拦河大坝的修建是人类文明高速发展的动力之一。但是,拦河大坝对鱼类等水生生物洄游通道的阻断,以及由此带来的生物多样性丧失和其他次生水生态问题,又长期困扰着人类社会。300多年前,国际上就将过鱼设施作为减缓拦河大坝阻断鱼类洄游通道影响的措施之一。经过200多年的实践,到20世纪90年代中期,过鱼效果取得了质的突破,过鱼对象也从主要关注的鲑鳟鱼类,扩大到非鲑鳟鱼类。其后,美国所有河流、欧洲莱茵河和澳大利亚墨累-达令河流域,都从单一工程的过鱼设施建设扩展到全流域水生生物洄游通道恢复计划的制订。其中:美国在构建全美河流鱼类洄游通道恢复决策支持系统的基础上,正在实施国家鱼道项目;莱茵河流域在完成"鲑鱼2000"计划、实现鲑鱼在莱茵河上游原产卵地重现后,正在筹划下一步工作;澳大利亚基于所有鱼类都需要洄游这一理念,实施"土著鱼类战略",完成对从南冰洋的默里河河口沿干流到上游休姆大坝之间所有拦河坝的过鱼设施有效覆盖。

我国的过鱼设施建设可以追溯到1958年,在富春江七里垄水电站开发规划时首次提及鱼道。1960年在兴凯湖建成我国首座现代意义的过鱼设施——新开流鱼道。至20世纪70年代末,逐步建成了40余座低水头工程过鱼设施,均采用鱼道形式。不过,在1980年建成湘江一级支流渌水的洋塘鱼道后,因为在葛洲坝水利枢纽是否要为中华鲟等修建鱼道的问题上,最终因技术有效性不能确认而放弃,我国相关研究进入长达20多年的静默期。进入21世纪,我国的过鱼设施建设重新启动并快速发展,不仅目前已建和在建的过鱼设施超过200座,产生了许多国际"第一",如雅鲁藏布江中游的藏木鱼道就拥有海拔最高和水头差最大的双"第一"。与此同时,鱼类游泳能力及生态水力学、鱼道内水流构建、高坝集诱鱼系统与辅助鱼类过坝技术、不同类型过鱼设施的过鱼效果监测技术等相关研究均受到研究人员的广泛关注,取得丰富的成果。

2021年10月,中国大坝工程学会过鱼设施专业委员会正式成立,标志我国在拦河工程的过鱼设施的研究和建设进入了一个新纪元。本人有幸被推选为专委会的首任主任委员。在科学出版社的支持下,本丛书应运而生,并得到了钮新强院士为首的各位专家的积极响应。"过鱼设施丛书"内容全面涵盖"过鱼设施的发展与作用"、"鱼类游泳能力与相关水力学实验"、"鱼类生态习性与过鱼设施内流场营造"、"过鱼设施设计优化与建设"、"过鱼设施选型与过鱼效果评估"和"过鱼设施运行与维护"六大板块,各分册均由我国活跃在过鱼设施研究和建设领域第一线的专家们撰写。在此,请允许本人对各位专家的辛勤劳动和无私奉献表示最诚挚的谢意。

　　本丛书全面涵盖与过鱼设施相关的基础理论、目标对象、工程设计、监测评估和运行管理等方面内容，是国内外有关过鱼设施研究和建设等方面进展的系统展示。可以预见，其出版将对进一步促进我国过鱼设施的研究和建设，发挥其在水生生物多样性保护、河流生态可持续性维持等方面的作用，具有重要意义！

2023 年 6 月于珞珈山

前　言

随着水利事业的发展，为满足日益增长的防洪、发电、灌溉等需求，以堤坝、堰、水闸等为主的水工建筑物的建设也迅速展开，这些水工建筑物限制了水生生物群落的自由活动，河流连通性受到影响，阻碍了鱼类双向迁移和基因交流，导致鱼类无法完成生命周期的重要阶段。随着人们生态环境保护意识逐渐增强，如何协助鱼类过坝达到人与自然和谐发展是当前迫切需要解决的问题。加强对过坝鱼类行为研究及相关研究在过鱼设施中如何应用，是保护鱼类完成生活史以及恢复河流连通性的重要途径之一。

过鱼设施作为一种生态补偿工程措施，是"工程与自然和谐共存"理念在现代水利工程中的具体体现，也是国际《生物多样性公约》（Convention on Biological Diversity）肯定和着力推荐的水域生态系统生物多样性保护措施，并被我国列入《国家中长期科学和技术发展规划纲要（2006—2020）》。其中，过鱼设施包括鱼道、鱼梯、鱼闸等结构，是水利工程中专门设计的生态通道，用于帮助鱼类在水坝、堰等障碍物处上、下游移动。鱼道作为最典型的过鱼设施工程，其主要功能是恢复河流生态系统的连通性，为鱼类提供一条可以顺利通过水利设施的路径。鱼道的建设和使用，体现了人类对生态环境保护和生物多样性维护的重视，是人与自然和谐共生的具体体现。

近年来，我国鱼道数量逐年增加，对于鱼道建设的必要性，其争议依然存在，主要原因是国内外鱼道的过鱼效果参差不齐，并未完全实现鱼类洄游通道修复的目标。首先，国内鱼道设计者缺乏相关鱼道工程学设计经验，对鱼道结构及水力设计往往照搬国外的相关参数，忽视了因过鱼对象行为差异而造成鱼道设计参数取值有误的问题，导致在增加鱼道工程建设成本的同时，仍达不到满意的过鱼效果。其次，我国鱼道建设起步较晚，鱼类游泳行为研究相关资料相对匮乏，所以在进行鱼道设计时，需要重点考虑过鱼对象的游泳行为。鱼类游泳行为是过鱼设施设计中的关键因子，鱼道形式选择、鱼道上下游进出口位置、鱼道休息池设计、鱼道运行方式都要根据过鱼对象的游泳行为决定。鱼类游泳行为研究对过鱼设施修建十分重要，如在修建过鱼设施时，需考虑目标鱼类摆尾幅度的大小，过鱼设施中最小狭缝宽度需大于鱼类的摆尾幅度，在狭缝处的水流速度需小于鱼类的最大冲刺速度，高流速区域长度需小于鱼类冲刺距离等因素，否则目标鱼类无法成功进行上溯行为，从而影响过鱼设施过鱼效率，所以研究目标鱼类的游泳行为对鱼在过鱼设施的成功通过率十分重要。

综上所述，针对鱼类游泳行为研究及其在过鱼设施中应用存在的不足，应积极响应水利部的相关政策和法规，加强对河流生态环境保护及促进人与自然和谐发展。对河流的生态系统结构及稀有物种进行调研，系统开展对鱼类游泳行为及其在过鱼设施中应用的研究。

　　鉴于此，本书通过对水电开发对鱼类的影响、过鱼设施设计与鱼类游泳行为、鱼类游泳能力研究、鱼类过障行为研究、鱼类游泳能力在过鱼设施设计中的应用这五部分的论述，系统地阐述鱼类游泳行为及其在过鱼设施应用中的关系，旨在为鱼类游泳行为研究及其在过鱼设施的应用中提供参考依据。

作　者

2024 年 3 月

目　　录

第1章　水电开发对鱼类的影响 ·· 1

1.1　引言 ·· 1

1.2　水电开发对鱼类洄游的影响 ·· 2

1.3　水电开发对鱼类区系组成的影响 ·· 4

1.4　水电开发对栖息地环境因子的影响 ·· 5

1.4.1　水文情势 ·· 5

1.4.2　河流沉积物 ·· 7

1.4.3　水环境 ··· 9

1.4.4　溶解氧 ··· 11

第2章　过鱼设施设计与鱼类游泳行为 ·· 13

2.1　引言 ·· 13

2.2　主要过鱼设施设计要点分析 ·· 13

2.2.1　鱼道进口诱鱼关键技术 ·· 13

2.2.2　鱼道池室水力学助溯关键技术 ··· 21

2.2.3　鱼道出口辅助过鱼关键技术 ·· 28

2.2.4　集运鱼系统设计要点 ··· 29

2.3　与过鱼设施有关的鱼类游泳行为 ·· 36

2.3.1　趋流行为 ·· 36

2.3.2　爆发–滑行行为 ··· 37

2.3.3　折返行为 ·· 40

2.3.4　顶流行为 ·· 44

2.3.5　转弯行为 ·· 48

2.3.6　卡门步态行为 ··· 50

2.3.7　跳跃行为 ·· 51

2.3.8　吸附行为 ·· 54

第 3 章 鱼类游泳能力研究··· 55

  3.1 引言 ··· 55

  3.2 封闭水槽内的鱼类游泳能力研究 ································· 56

    3.2.1 感应流速 ··· 56

    3.2.2 临界游泳速度 ··· 58

    3.2.3 突进游泳速度 ··· 60

    3.2.4 持续游泳速度 ··· 62

    3.2.5 耐久游泳速度 ··· 64

    3.2.6 鱼道允许的最大水流速度 ···························· 64

    3.2.7 最大游泳距离 ··· 65

  3.3 开放水槽内的鱼类游泳能力研究 ································· 66

    3.3.1 突进游泳速度 ··· 67

    3.3.2 持续游泳速度 ··· 67

    3.3.3 耐久游泳速度 ··· 67

    3.3.4 鱼道允许的最大水流速度 ···························· 68

    3.3.5 最大游泳距离 ··· 69

第 4 章 鱼类过障行为研究··· 71

  4.1 引言 ··· 71

  4.2 鱼类单级过障行为分析 ··· 72

    4.2.1 齐口裂腹鱼单级过障行为分析 ···················· 72

    4.2.2 异齿裂腹鱼单级过障行为分析 ···················· 75

    4.2.3 短须裂腹鱼和红尾副鳅单级过障行为分析 ··· 77

  4.3 鱼类多级过障行为分析 ··· 83

    4.3.1 齐口裂腹鱼多级过障行为分析 ···················· 83

    4.3.2 异齿裂腹鱼多级过障行为分析 ···················· 87

    4.3.3 短须裂腹鱼和红尾副鳅多级过障行为分析 ··· 90

第 5 章 鱼类游泳能力在过鱼设施设计中的应用············ 96

  5.1 引言 ··· 96

  5.2 鱼类游泳能力在鱼道设计中的应用 ···························· 96

    5.2.1 进口处 ··· 96

    5.2.2 池室段 ··· 97

　　5.2.3　休息段 ··· 97

　　5.2.4　转弯段 ··· 97

　　5.2.5　出口段 ··· 97

5.3　鱼类游泳能力在集运鱼船设计中的应用 ····················· 97

5.4　鱼类连续过障能力在鱼道设计中的应用 ····················· 98

5.5　鱼类连续过障能力在集运鱼船设计中的应用 ················· 98

5.6　案例分析 ·· 99

　　5.6.1　玉曲河扎拉水电站过鱼对象游泳能力及其在鱼道设计中的应用 ······· 99

　　5.6.2　木扎提河三级水电站过鱼对象游泳能力及其在鱼道设计中的应用 ·· 114

　　5.6.3　马堵山水电站过鱼对象游泳能力及在集运鱼系统设计中的应用 ······ 120

　　5.6.4　西藏藏木水电站过鱼对象连续过障能力及其在鱼道设计中的应用 ·· 123

参考文献 ·· 126

第1章 水电开发对鱼类的影响

1.1 引　言

水力发电作为一种成熟的、经济效益良好的可再生能源技术，在世界范围内得到了广泛的应用（李婷 等，2020）。水力发电可提供大量清洁能源，对减轻大气污染和控制温室气体排放起到重要的作用，发挥巨大的生态效益，对助力实现非化石能源消费占比目标、促进能源结构绿色低碳转型具有重要意义。

大规模的水电开发在推动我国经济社会发展、改善能源结构、应对气候变化等方面发挥了重要作用（贾建辉 等，2019）。大型水电基地的开发是我国贯彻可持续发展战略的需要，也是我国能源资源平衡和全球环境问题的极大压力下所提出的要求（卢红伟，2005）。梯级水库充分利用河流落差，最大限度地开发河流的水能资源，获取巨大经济效益，是当前水电开发利用的趋势。然而大规模梯级水库的建设和运行对河流生态系统与环境产生一定的影响，梯级水库建设阻断了河流的连通性，使水库与水库之间受下级水库的顶托作用改变河流的自然形态，导致河流环境向湖泊环境的转变（李婷 等，2020）。

河流生态系统是地球上最为复杂和脆弱的生态系统之一，它包括了水体、河岸带、湿地，以及与河流相连的其他生态系统。河流生态系统中的生物多样性非常丰富，尤其是鱼类，鱼类是河流生态系统的指示性生物，其多样性和资源量的变化能够直接反映河流生态状况，是河流生态保护的关键对象。在河流生态系统中，鱼类需要通过河流迁移进行繁殖，寻找合适的栖息地和食物来源。拦河工程的存在会导致鱼类无法顺利上溯洄游，影响鱼类的繁殖周期和种群的自然更新。水电开发直接阻断了河流，从而切割了连通的鱼类生境，导致鱼类产卵场、索饵场及洄游通道受到影响。因此，水电开发对鱼类上下行通道的阻断问题已成为制约流域可持续发展的关键。

为了减少水电开发对鱼类的不利影响，可以采取以下补偿措施：①建设鱼道或鱼梯，以帮助鱼类通过水坝；②进行人工繁殖和放流；③改善水库管理，减少对水质的不利影响；④实施生态流量释放，以维持下游生态系统的健康。通过这些措施，可以在一定程度上缓解水电开发对鱼类及其栖息地的影响。在追求经济效益的同时，我们也应该关注生态保护，寻找一种平衡和谐的发展方式，以实现可持续发展。这需要政府、企业和公众共同努力，本章从鱼类洄游、鱼类区系组成和栖息地环境因子三个方面来论述水电开发对鱼类的影响。

1.2　水电开发对鱼类洄游的影响

原本连续的河流生态系统，由于水利工程的修建被分隔成坝上、坝下不连续的环境单元，对鱼类造成的最直接影响就是切断其洄游通道，使其不能顺利完成生活史，造成鱼类资源的下降。

许多鱼类的繁殖、索饵及越冬等生命行为需要在不同的环境中完成，具有在不同水域空间进行周期性迁徙的习性，我们称之为洄游（常剑波 等，2008）。洄游是鱼类在长期的进化过程中形成的一种生态适应性行为，表现为鱼类主动、有方向、群体性的周期性移动。这种移动贯穿于鱼类的整个生命周期，每年都会按照一定的规律进行。

依据不同的洄游目的，鱼类洄游可以划分为生殖洄游、索饵洄游和越冬洄游。根据鱼类生活史阶段栖息场所及其变化，可将鱼类洄游划分为海洋性鱼类洄游（oceanodromous migration）、过河口性鱼类洄游（diadromous migration）和淡水鱼类洄游（potamodromous migration）。其中过河口性鱼类洄游又可分为溯河洄游（anadromous migration）（殷名称，1995）和降河洄游（catadromous migration）。如鲑（*Salmon*）、鳟（*Trout*）及中华鲟（*Acipenser sinensis*）等是典型的溯河洄游性鱼类，它们大部分时间生活在海洋，达到性成熟时进入江河，上溯到产卵场进行产卵繁殖；鳗鲡（*Anguilla japonica*）、松江鲈（*Trachidermus fasciatus*）等鱼类为降河洄游性鱼类，它们在淡水中索饵肥育，性成熟后降河入海产卵繁殖。此外还有如四大家鱼等鱼类，它们平时在江河干流的附属湖泊中摄食肥育，繁殖季节逆水洄游到干流流速较高的场所繁殖，周期性往返于江河干流与湖泊之间，称其为江湖洄游或半洄游鱼类（常剑波 等，2008）。

在自由流动的河流中，自然水生生态系统的功能基本不受连通性和流量变化的影响，并且允许河系内部和周边景观直接进行物质、物种和能量交换。自由流动的河流具有多种功能，包括文化、娱乐、生物多样性、渔业，以及向下游栖息地（包括洪泛区和三角洲）输送水和有机物质。自由流动的河流提供的连通性对许多洄游鱼类的生活史至关重要，这些鱼类依靠河流纵向和横向连通性进入完成其生活史所需的栖息地。在对全球河流连通性状况的一项评估发现，超过 1 000 km 的河流中，只有 37%的河流在全流域范围内保持自由流动，23%的河流不间断地流入海洋（Grill et al.，2019）。

建坝导致的河道破碎化是造成河流连通性丧失的主要原因。有证据表明，淡水物种比陆地物种面临更大的风险，三分之一的淡水物种面临灭绝的威胁。与其他鱼类相比，洄游鱼类受到的威胁更大。最大的问题就是洄游路线阻塞和缺乏自由流动的河流（Grill et al.，2019）。许多人工屏障，如堤坝、涵洞，阻碍了洄游鱼类的活动，降低了它们完成生活史的能力。大坝和其他河流基础设施也会显著改变水流状况，影响下游泛滥平原栖息地的范围和连通性，以及洄游和活跃期过渡的关键信号。关键信号一般指的是对水生生物的生命周期、繁殖、迁徙及其他生物行为具有重要引导作用的自然现象或环境条件。此外，由于洄游通常是周期性的和可预测的，洄游鱼类很容易被搜寻。除这些众所周知的威胁之外，还有许多新出现的对淡水生态系统及其鱼类的影响（例如微塑料污染、淡水盐碱化）。了解大坝等基础设施当前和未来对洄游鱼类的影响，需要对其现状进行全球概述，以评估各种要素对洄游鱼类的影响趋势，并分析之间的趋势是合一致。

河流的纵向和横向连通性对维持河流生态系统的健康至关重要（Díaz et al.，2021）。河流系统形成了分层的树状网络，其生态功能高度依赖水体之间的连通性（Fuller et al.，2015）。鱼类对于各种不同类型的栖息地的需求极大程度上取决于河流的连通性和自然流动性。纵向连通性对于鱼类的迁徙至关重要[图 1.1（a）和 1.1（b）]，它确保了鱼类能够顺利迁徙，完成生活史的各个阶段。而横向连通性则有助于鱼类进入洪泛区、支流、牛轭湖等地区，以进行产卵和肥育，维持鱼类群体的多样性[图 1.1（c）和 1.1（d）]。

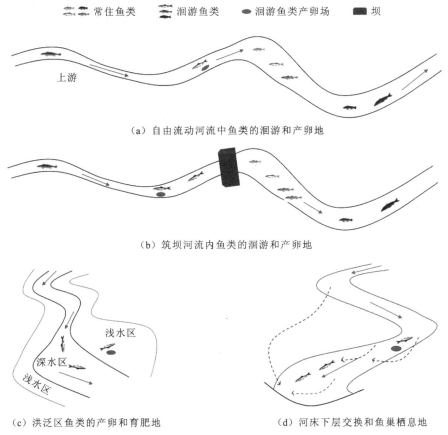

（a）自由流动河流中鱼类的洄游和产卵地

（b）筑坝河流内鱼类的洄游和产卵地

（c）洪泛区鱼类的产卵和育肥地　　　　（d）河床下层交换和鱼巢栖息地

图 1.1　河流连通性和水坝的影响（Chen et al.，2023）

国内学者近年来逐步开展了河流连通性评估研究，提出了河流连通领域的多个相关定义。其中，夏军等（2012）提出，水系连通是在自然和人工形成的江河湖库水系基础上，维系、重塑或新建满足一定功能目标的水流连接通道，以维持相对稳定的流动水体及其联系的物质循环的状况。方佳佳等（2018）认为河流的连通性可定义为河道干支流、湖泊及其他湿地等水系在物质、能量和信息上的连通情况，它反映了水流的连续性和可循环性，是一个水文与生态多维度交互作用且存在时空变异性的概念。董哲仁等（2019）在总结连通性相关生态模型的基础上，提出了 3 流 4D 连通性生态模型，用以表述河流连通性的生态学机理。《全国水资源保护规划技术大纲》中指出河流纵向连通性是水生态状况评价中"物理形态"这一准则层中的指标，表征河流系统内生态元素在空间结构上的纵向联系。上述研究为河流连通性理论研究奠定了重要基础，推动了河流连通性恢复的实践，提高了学术界对河流连通性量化评估的关注度。

拦河工程的修建不仅阻隔了鱼类的洄游通道，还会因为生境破碎导致鱼类种群遗传多样性丧失。如河湖洄游鱼类，虽洄游距离较短，或没有严格的洄游需求，仍然会受到水电设施的影响。科学研究表明，鱼类种群被大坝分割形成多个小群体后，由于各个小群体间的基因无法交流而产生了遗传分化（Neraas and Spruell，2001）。这将导致种群遗传多样性的维持能力降低，进而影响物种的存活与进化潜力。

1.3　水电开发对鱼类区系组成的影响

水电开发对鱼类的影响，较为集中体现在鱼类区系组成、种群资源量变动方面。水利工程建成后，因库坝具有阻隔作用，阻隔了洄游性鱼类的洄游通路，一些洄游和半洄游性鱼类不能上溯或降河，影响到鱼类的繁殖和基因交流（邹淑珍 等，2010）。且水库蓄水后，河流上游部分河段及相连湖泊等水域的水位会升高，坝体上下游水位落差变大。水库运行的过程也就是库区及库岸、水位升高区的重新平衡的过程，形成了以静水环境为主的库区环境，使部分陆地变成了水域，浅水变成了深水。鱼类在长期进化过程中适应的江河流水环境发生变化，水电站的运行及汛期泄水等都会对水生生物造成影响（蒋固政，2008）。许多研究已探讨了大坝下游区域鱼类群落结构变动对上游筑坝的响应，其中多数研究涉及蓄水前后鱼类群落结构的时空变动特征。不同大坝间蓄水运行规程的差异，以及不同大坝区域在水文特征、地貌形态、栖息地特征和关键生物群落间的差异，使得河流鱼类群落结构的时空格局变化在不同筑坝河流间具有不同的表现特征。

对于大坝上游，建库后库区水体中的营养物质总量超过了建库前天然河流的水平，这为库中的浮游生物提供了丰富的营养，有利于它们的生存和繁殖。因此，以浮游生物为食的鱼类有了充足的食物来源，这有助于鱼类种群数量的增长和发展。且建坝后库区水位升高，原有流动的水体变为静止或半静止状态，使适应于河流生境的鱼类逐步被适应于缓流或静水生境的鱼类代替，并成为优势种群。水库的水流变缓，还会使库区及坝下江段水体的透明度增加，鱼类饵料生物的组成和数量也随之发生变化，给以浮游生物为食的鱼类提供充分食物来源（邹淑珍 等，2010）。如丹江口水利枢纽修建后，以摄食藻类为主的铜鱼、鲂、吻鮈等种群数量不断增加（余志堂 等，1981），使鱼类种群结构发生更替，局部水域鱼类丰度上升，尤其是生境、繁殖条件都属于广适应型的鱼类，如鲤、鲫等。另外，梯级水库蓄水后，一些适应能力强的外来种鱼类数量和比例有所增加。但是，由于生境的转变，大部分适应原天然河流生境的土著鱼类的生存和繁殖受到威胁，种群数量减少，甚至一些种类会消失。

大坝下游天然河段所受的影响主要源于下泄水流的水温、水质和流量等因素反复、大幅度变化，以及其对河床的冲刷，对栖息地、产卵场造成破坏，并影响鱼类的生长、发育和繁殖，大坝下游水文情势的变化将导致鱼类总资源量的减少（李陈，2012）。且河流水位的急剧变化加快了下游河道冲刷和侵蚀鱼群在浅水中的休息场所，影响鱼类产卵等。除此之外，幼鱼的繁殖、孵化和蜕变取决于温度的变化，河水水温改变将会改变鱼类生存环境和生活史，导致坝下鱼类数量和种类的急剧减少。

栖息、繁殖依赖静水或浅滩条件的鱼类也可能受到下泄水流的冲击；而底层鱼类或繁殖条件为流水型的鱼类，个体小、游泳能力强、对气泡病不敏感且繁殖期长的鱼类对大坝下游的适应能力较强，可能会成为坝下游的优势种。

1.4　水电开发对栖息地环境因子的影响

水电站的开发建设在一定程度上改变了河流的天然水文节律，引起河流水文情势、水环境、泥沙、水温等生境因子发生变化进而影响河流生态系统中鱼类等生物的生存和发展。本节主要论述水文情势、河流沉积物、水环境和溶解氧四个因子对鱼类的影响。

1.4.1　水文情势

水电开发会显著改变河流的水文情势，大坝上游由河流向水库的转变完全改变了原始的水文状况。例如南美洲巴拉那河在筑坝前的年平均流速为 0.88 m/s，筑坝后降至 0.56 m/s（Stevaux et al.，2009）。湄公河在旱季的流量比筑坝前增加了 63%，而在雨季的流量下降了 22%（Chong et al.，2021）。水库在雨季蓄水，在旱季放水从而减少了流量的季节性变化[图 1.2（a）]。虽然径流式水库不会改变流量的季节模式[图 1.2（b）]，但它们可以通过水力调度显著增加日流量或每日流量的变化（Almeida et al.，2020）。河流筑坝减少了峰值流量的数量和持续时间，并改变水位变化的频率。如葛洲坝和三峡大坝建成后，长江下游水流脉冲数减少了 22%，最大持续时间从 16 天减少到 4~6 天（Wang et al.，2016）。水电站的修建还减少了活动河漫滩的范围，缩短洪水发生的周期和持续时间，以及减少主河道与河漫滩之间的物质交换（Jardim et al.，2020），例如澳大利亚巴隆河的大坝建设减少了 23%的活跃洪泛区面积，并减少了洪泛区营养物质的可用性。

水文状态包括流量、流速、水深和峰值流量等变量，在河流生物栖息地和生态系统中起着至关重要的作用。鱼类的产卵、肥育和越冬与水文条件密切相关。对于产漂流性卵的鱼类，需要持续的流速刺激，因此洪水过程能为它们的繁殖提供有利条件（Young et al.，2011）。在足够的流速下，漂流性卵不易下沉，可提高它们的存活率。河流流量可调节鱼卵的扩散，扩大它们的生存范围，并促进鱼类群落的稳定（Castello and Macedo，2016）。河流水深的涨落可促进河槽与洪泛区之间的物质交换，扩大了鱼类的生存范围（Chen et al.，2023）。

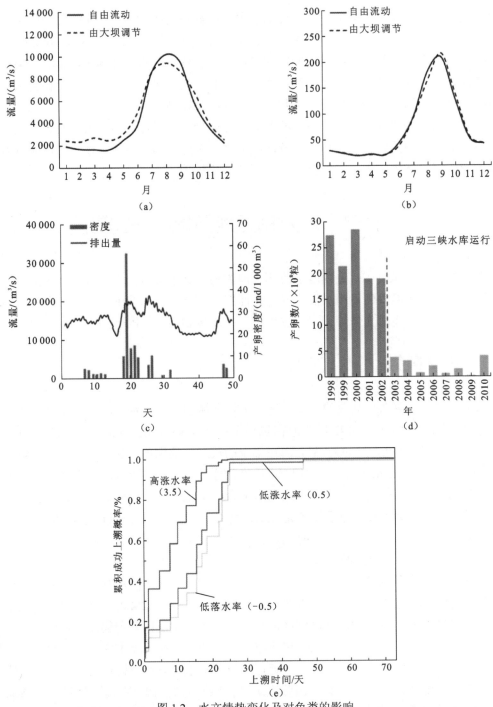

图 1.2 水文情势变化及对鱼类的影响

（a）长江上游坪山水文站（2007～2010 年）和向家坝水文站（2016～2020 年）月平均流量；（b）长江上游支流黑水河宁南水文站拆除老木河大坝（无水库调节能力的小水电大坝）前（2015 年）和后（2019 年）的水文曲线；（c）2016 年三峡水库生态运行期间长江宜都断面 4 种主要中国鲤鱼的排出量和产卵密度；（d）三峡水库运行前后在长江宜都断面测量的中国鲤鱼年产卵数；（e）不同涨落水率下累积成功上溯概率随时间变化；其中（a）（b）数据来源于《中华人民共和国水文年报》中的《长江流域水文资料》

大坝上游库区的流速降低会减少水流对鱼类产卵行为的刺激，从而减少鱼类繁殖[图 1.2（c）、（d）]。对于体外受精的鱼类来说，拦坝导致的河流流速的减慢会降低鱼类受精成功率，流速的降低可能导致漂流性卵下沉或无法成功到达孵化地。对于产黏性卵的鱼类，水库运行引起的人工水力峰值可能会造成不适宜其繁殖的条件。而水坝引起河流流量的季节性变化减少会降低河漫滩的营养物质和沉积物，从而导致鱼苗生长不良和存活率低，鱼类种群减少。同时洪泛平原地区植物的退化减少了黏性卵附着的底质，导致黏性卵存活率下降。

由于河流筑坝导致的高流量和低流量脉冲及其持续时间的减少，可能会消除鱼类迁徙的水文线索，减少鱼类的觅食机会并增加了搁浅的风险。在流量减少的下游水坝处，已有研究发现鲑和鲟因搁浅而死亡（Johnston et al.，2020）。松新鱼道过鱼对象短须裂腹鱼（*Schizothorax wangchiachii*）在过坝后超过 60% 的鱼选择在河道流量较低时上溯。流量涨落变化对过鱼对象完成关键生命活动也发挥重要作用。大部分短须裂腹鱼过坝后在涨水条件下可成功上溯，仅有少部分选择在河道落水条件上溯。随涨水率的增加，过坝后的短须裂腹鱼在河道上溯成功的概率增加，上溯耗时减少[图 1.2（e）]。而水深的增加导致水库底质结构的改变减少了附着藻类和底栖大型无脊椎动物的适宜栖息地。这影响了以附着藻类和底栖大型无脊椎动物为食的鱼类，并增加了偏好浮游植物和浮游动物的鱼类数量，从而改变河流中的鱼类群落结构。

1.4.2　河流沉积物

河流泥沙被挟带、搬运和沉积从而塑造了河流系统，影响鱼类栖息地。河流系统泥沙供给和输沙能力之间的平衡是河流地貌的基本驱动力，它不仅决定了河流系统的沉积或退化状态，而且还影响着河道形态和地质结构。例如在水电开发前，通过对澜沧江部分地区的澜沧裂腹鱼（*Schizothorax lantsangensis*）生境进行调查，发现其生境底质主要由砂、砾石和卵石组成。梯级水库系统的建成和运行增加了库内的泥沙沉积，逐渐改变了库内的底质。不同的河面诱发了不同的水动力条件，进而导致了不同的泥沙侵蚀和沉积模式，形成了诸如深潭、浅滩、沙洲等各种地貌单元，从而增加了生物栖息地的多样性，例如用于鱼类产卵和越冬的栖息地（Chen et al.，2023）。河流运输大量沉积物，为水生生物提供生物来源，在大多数河流中河床沉积物总体呈现下游细化趋势[图 1.3（a）]。

大坝通过在水库中截留泥沙，使下游排放的水流往往不含或含少量泥沙，从而改变了河流中沉积物通量的自然平衡。如图[1.3（b）]所示，砾石、粗砂等粗颗粒首先沉降，在回水效应结束处形成三角洲；细泥沙颗粒进入水库，通过浑浊密度流或非分层流输送，并可能沉积在大坝附近。在大坝下游的河流中，泥沙含量的减少通常会导致河道切割、河床和河岸的慢性侵蚀，甚至三角洲平原的丧失。大坝建设后下游泥沙负荷降低，也会导致相关营养物质运输减少，从而影响鱼类的取食场所。此外，筑坝破坏了无机和有机沉积物之间的平衡，矿物颗粒主要沉积在水库中，生物产量的增加导致水库流出物的悬浮负荷主要由水生生物的有机物组成。

（a）自由流动河流的河床沉积物

（b）筑坝河流的河床沉积物

图 1.3　筑坝对河床泥沙的影响（Chen et al.，2023）

底质是鱼类生境的主要组成部分，具有稳定水质和维持水生生态系统的作用。为水生生物提供了觅食场所，是水生生物的重要繁殖地（柴毅 等，2019）。因此，底质是鱼类栖息地研究的重要课题。许多研究表明，鱼类物种的丰富度和密度在底质上有所不同，Danhoff 和 Hucking（2020）发现底质粒度是决定比目鱼分布的最重要环境因素之一。鱼类对底质的偏好与觅食、繁殖和栖息地水层的性质有关。通过对澜沧裂腹鱼的底质偏好及初步实验室研究（图 1.4、图 1.5），澜沧裂腹鱼偏爱直径 16.1～32 mm 和直径 6～32 mm 组成的底质，原因可能是这两种类型的底质比其他底质支持更异质化的栖息地，并为水生昆虫提供了一个更稳定的栖息地。比小颗粒岩石更大的岩石上可以附着更多的粗颗粒有机物，从而支持更多的外来植物和藻类，为捕食者提供了丰富的食物。

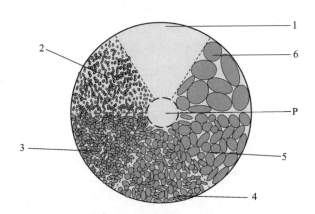

图 1.4　试验装置俯视图

注：P 为罐心、1. 砂粉土、2. 碎石、3. 砾石、4. 卵石、5. 小圆石、6. 大圆石

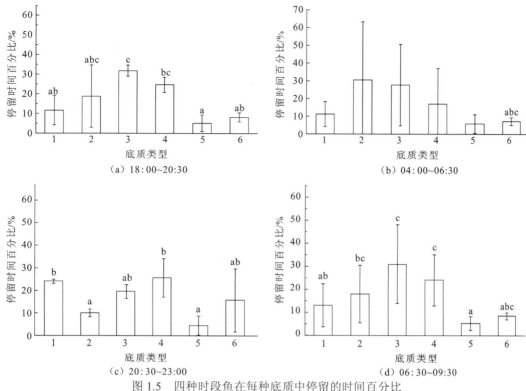

图 1.5　四种时段鱼在每种底质中停留的时间百分比

相同小写字母的柱间百分比没有显著差异，显示不同小写字母的柱间百分比有显著差异

　　鱼类的繁殖也与底质偏好有关，鱼类的产卵地底质主要由基岩、鹅卵石和砾石组成。能够支持自由胚胎的底质必须提供足够的间隙空间作为庇护（Bain et al.，2000）。国外研究发现，砾石底质对美国大西洋鲟的自由胚胎发育最为有利。在产卵习性方面，澜沧裂腹鱼是典型的陆生鱼类，幼鱼留在母鱼活动形成的间隙孔中或附着在砾石上。

1.4.3　水环境

　　水温是河流生态系统中一个重要且高度敏感的因子，具有明显的规律性。水温的自然节律影响着水生物种的物候功能，水温的纵向变化对物种群落空间格局的形成起着至关重要的作用。水电开发显著改变水温状况[图 1.6（a）]，虽然水电开发对河流水温变化的影响是复杂的，但是变化程度主要取决于大坝高度和区域气候特征。在热带、亚热带和温带地区，大型水库通常在春季、夏季、秋季和冬季形成热分层，即表层温度高、底层温度低[图 1.6（b）]。

　　对于梯级开发水电站来说，其对水温的累计影响较为复杂。邓云等（2010）通过数学模型模拟研究了雅砻江锦屏一级与二滩两个梯级水电站联合运行时水温的累积影响，发现两个梯级水电站联合运行时库区的水温分层较二滩水电站单独运行时减弱，但下泄过程中水温的延迟和均化现象均进一步加强；黄峰等（2009）通过对乌江干流梯级水电站的研究发现，梯级水电站联合运行使库区的水温分层有所减弱，不同水温结构的水库

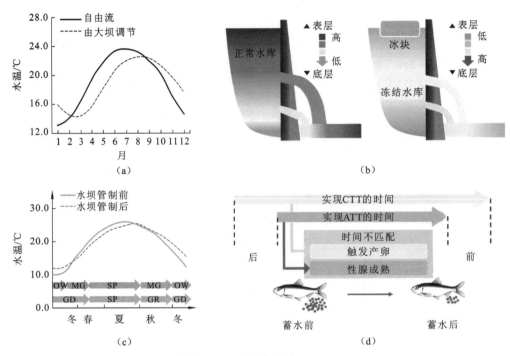

图1.6　水环境变化及对鱼类的影响（Chen et al.，2023）

（a）长江上游坪山水文站（2007～2010年）和向家坝水文站（2016～2020年）的月平均水温；（b）自由水面（左）和冻结水面（右）水库的水温分层；（c）向家坝水库蓄水前后长江上游、下游水温及鱼类行为特征。（OW为越冬；MG为洄游；SP为产卵；GD为性腺发育；GR为性腺恢复）。（d）水温变化对鱼类产卵的影响

对水温的累积影响各不相同，其中稳定分层型水库对水温累积具有正效应，混合型水库具有负效应，过渡型水库处于两者之间。

水坝改变水温状况直接影响到鱼类的产卵、洄游和生长[图1.6（c）]。如在长江上游，当临界水温超过20℃时，鲟形目鱼类在春末夏初产卵，但是由于溪洛渡水库的运行，推迟了该临界温度的到达时间。鱼类产卵的临界温度阈值（critical temperature thresholds，CTT）和鱼类性腺发育的积温阈值（accumulated temperature thresholds，ATT）被用来量化水温变化对鱼类繁殖的影响[图1.6（d）]。大型水库的运行导致春季、夏季降温，秋季、冬季升温延迟了到达CTT的时间提前了到达ATT的时间。当到达ATT的时间提前时，为了保持早期运动和加强新陈代谢，鱼类倾向于在性腺中消耗能量，这会导致鱼类性腺过于成熟减少繁殖。目前针对水温变化对鱼类的影响，特别是对鱼类洄游、生长、和食物链整个生活史之间的联系研究较少。

水电开发对水质的影响主要体现在水体中化学物质的浓度及传送。碳、氮元素的排放及磷、硅元素的拦截都是关键要素而被重点关注（图1.7）。受库区泥沙淤积等影响，大坝拦截了碳、氮等营养物质并影响其向下游的输送。张恩仁和张经（2003）分析了三峡水库对上游营养盐的截流效应，预测了三峡水库可将上游输入的2%～7%溶解态无机氮和13%～42%的溶解态无机磷固定于浮游生物中，可缓解长江下游及长江口区的富营养化趋势。

①矿化过程②硝化过程③反硝化过程④厌氧氨氧化过程

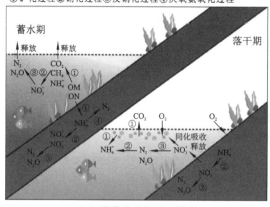
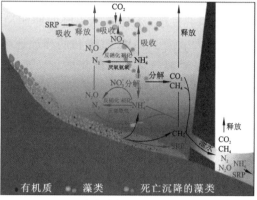

（a）消落带碳氮循环过程　　　　　　　　　（b）库内碳氮磷主要循环过程

图 1.7　水库运行影响下消落带和库内关键生源要素化学循环过程

1.4.4　溶解氧

高坝形成的水库蓄水使上游污染物在库区沉积，同时水体营养水平的增加为藻类等浮游植物生长提供了条件，再加上微生物的分解作用耗氧等原因，可能导致水体中溶解氧下降，使鱼类因缺氧而大量死亡。如北美东北部的圣约翰河上建造的一系列水坝，因坝前溶解氧缺乏甚至无氧，鱼类的死亡事件经常发生。

总溶解气体（total dissolved gas，TDG）过饱和是指在当地大气压下，水中溶解气体分压之和超过空气中气体分压之和的物理状态。在汛期大坝泄洪时会发生严重的 TDG 过饱和[图 1.8（a）]，对下游鱼类造成严重影响。2014 年 7 月长江上游溪洛渡水库泄水期间，下游水体 TDG 平均饱和度为 135%，最大值为 144%，导致下游鱼类大量死亡。水体气体过饱和可直接导致鱼类"气泡病"的发生[图 1.8（b）]，引起鱼类大规模死亡，尤其对鱼苗的危害最大。

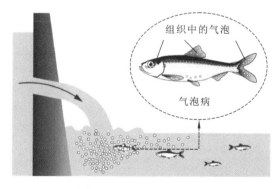

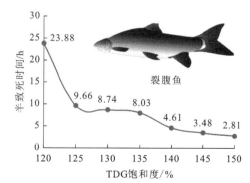

（a）水库调洪导致TDG过饱和导致气泡病　　　　（b）TDG饱和度与半致死时间的关系

图 1.8　TDG 过饱和对鱼类的影响（Chen et al.，2023）

　　坝下河道 TDG 的释放主要受水深、水温、风速、紊动强度、含沙量和河流生态等的影响。研究发现，水体紊动强度的增加加速了 TDG 过饱和的释放（冯镜洁 等，2010）；水深的增大减缓了 TDG 过饱和的释放速率（Kamal et al.，2019）。TDG 过饱和释放的一个途径是游离气体分子聚集成核，形成气泡析出。含沙量的增加，为游离气体分子聚集成核提供了大量的介质，使过饱和状态更快降低至平衡态（冯镜洁 等，2012）。复杂的河流形态可造成复杂的流态，提高了局部的紊动强度，促进 TDG 过饱和的释放。水深的增加可减弱 TDG 过饱和对鱼类的影响，对采取补偿水深降低甚至规避大坝泄水产生的 TDG 过饱和对鱼类的危害具有较强的指导意义。本节针对 TDG 过饱和对鱼类的影响，解释了鱼类气泡病及对 TDG 过饱和的耐受性，从而说明高坝泄水 TDG 过饱和的生态风险。

第 2 章　过鱼设施设计与鱼类游泳行为

2.1　引　言

在进行鱼道设计时，需要重点考虑过鱼对象的游泳行为。鱼类游泳行为是过鱼设施设计中的关键因子，鱼道形式选择、鱼道上下游进出口位置、鱼道池室设计、鱼道运行方式都要根据过鱼对象的游泳行为决定。大量实践证明在进行鱼道设计时，缺乏鱼类游泳行为研究的鱼道往往效果不佳（Silva et al.，2012）。我国在鱼道建设方面起步较晚，造成鱼类游泳行为资料相对匮乏。

鉴于此，本章将从鱼道进口诱鱼关键技术、鱼道池室水力学助溯关键技术、鱼道出口辅助过鱼关键技术、集运鱼系统设计要点这四个方面展开论述，为了能设计有效的鱼道来帮助鱼类洄游，鱼类游泳行为的研究就显得尤为重要。鱼类的游泳行为包括趋流行为、爆发-滑行行为、折返行为、顶流行为、转弯行为、卡门步态行为、跳跃行为和吸附行为，是过鱼设施设计和评估的关键因素。为了实现生态友好的水利建设，过鱼设施必须考虑到不同鱼类的行为特点，同时遵循生态保护和水利工程的相关规范，过鱼设施可以有效地促进鱼类的迁徙和繁殖，从而实现人与自然和谐共生的目标。

2.2　主要过鱼设施设计要点分析

2.2.1　鱼道进口诱鱼关键技术

1. 鱼道进口位置选择

在设计迁移障碍物时，包括溢洪道、取水口和厂房在内，存在多种布置形式。设计人员在选择鱼道位置和入口时应遵循一些原则，以下是几种典型情况的例子。即使在现有水坝、急流、瀑布等障碍物上，仍有鱼类种群进行迁徙，设计人员可以观察和记录鱼类在障碍物处的行为。通过识别鱼类的迁徙路线、聚集区域以及它们在大坝上的行为，设计人员可以更好地选择鱼道的入口位置。在设计新型障碍结构或规划旨在恢复迁徙性鱼类种群的河流生态工程时，工程师及生态规划师必须依据对鱼类行为预测模型来进行设计决策，鉴于直接观察鱼类对结构化障碍物的反应存在局限性，设计师的专业经验在确保设计方案的科学性和有效性方面显得尤为关键。通常而言，位于河岸附近的鱼道比位于障碍物中间的鱼道更容易吸引鱼类，因为鲑和鳕等鱼类更倾向于沿着河岸而不是在河流中心迁移。这些鱼类在河岸附近水流较缓时游动，这种行为在水流量较大时尤为明显。一般来说，洄游性鱼类倾向于向上游游动，直到受到跌水或障碍物的阻挡，无法通过或被湍流所阻挡。因此，鱼道入口最好设置在靠近洄游鱼类到达的最上游。

在河道水流方向与水坝等障碍物形成显著夹角的情形下，为了确保鱼类能够有效地通过鱼道完成其迁徙周期，鱼道的进口位置应设置在障碍物上游处[图 2.1（a）]。图 2.1（b）和（c）中鱼道进口的位置是不正确的，图 2.1（b）是因为鱼道进口位置距离斜堰下游太远，图 2.1（c）是因为鱼道位于斜堰下游角度不合适。对于人字形斜堰而言，从严格的生物学角度来看，在河流最上游的位置，即河道中心位置设置鱼道似乎是最有利的。然而，在某些情况下也意味着工作人员很难甚至不可能进入鱼道进行监测或维护[图 2.1（d）]。

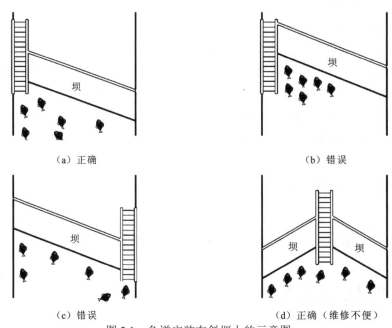

图 2.1　鱼道安装在斜堰上的示意图

当障碍物与河岸成直角时，鱼道应设在河道一侧或两侧。设计鱼道时需要考虑场地的特殊约束性，包括水流流态、障碍物下游河床的地形[图 2.2（a）]。然而，对于宽阔的障碍物，通常建议在河道两侧建设鱼道设施[图 2.1（b）]。在特定情况下，通过改变障碍物下游河床的地貌形态，可以有效地引导迁徙鱼类向鱼道进口移动。例如，相对较高的抛石防护装置可以安装在水道的中心位置以及紧邻障碍物下游，同时建造两个更深的侧通道。通过这种方式，鱼被引导至鱼道进口[图 2.2（c）]。场地的限制可能使鱼道进口位于障碍物下游相对较远的位置[以很长的自然旁通道为例，如图 2.2（d）]。

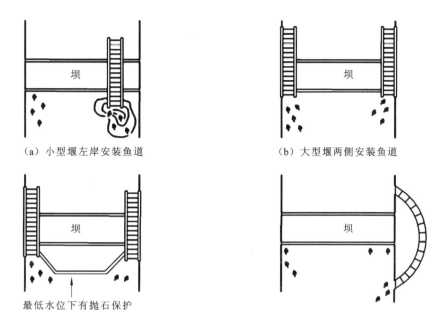

（a）小型堰左岸安装鱼道　　　　　　　　　　（b）大型堰两侧安装鱼道

最低水位下有抛石保护

（c）河道中心位置安装抛石防护装置且在两侧修建鱼道　　（d）在堰下游相对较远的位置安装鱼道

图 2.2　河水流动方向成直角的堰上安装鱼道的示意图

在水力发电方案中，当所有水流流经水轮机时，洄游鱼类通常被吸引到水轮机尾水管附近。因此，鱼道进口必须紧邻厂房，最好紧靠河岸[图 2.3（a）和图 2.3（b）]。鱼道的进口应该位于上游处。鱼道进口不应该设置在河流的中心，也不应该设置在离下游太远的位置[图 2.3（c）和（d）]。对于装有多台水轮机的大型电站而言，可以通过设置在水轮机尾水管上方具有多个进口的集鱼设施来集鱼。进出口一般设有自动调节闸门。调节闸门使集水廊道和尾水渠之间保持一定的水位差，从而使进口处的流速基本保持平稳，而不受下游水位的影响。主进口应位于厂房的两侧（图 2.4），次进口可以位于水轮机之间，然而，最好不要有太多进口，因为经验表明，如果进口数量太多，存在从一个进口进入通道的鱼从另一个进口游出的情况。在河流较宽的情况下，可能需要提供几个进口，因为单个通道不能吸引全部鱼类。洄游鱼类既可以到达电站所在的岸边，也可以到达溢洪道泄流的对岸，因此建议规划两个独立的鱼道，每个鱼道有一个或多个进口。当电站处于引水渠上时，往往很难决定是将鱼道安装在大坝上还是安装在厂房上。必须仔细研究每个位置的水流流态和迁徙期间的电站厂房运行情况。鱼类在迁徙期间大坝频繁发生溢流的情况下，鱼可能会被吸引到电站厂房或大坝的连续水流中。经验表明，提供两条独立的鱼道往往是必要的。在流量较低时，大部分鱼类会被水轮机尾水吸引，而在流量较高时，有一定比例的洄游鱼类会聚集在坝下。如果改道时间很长，鱼类将有可能被困在其中一个尾水管中。

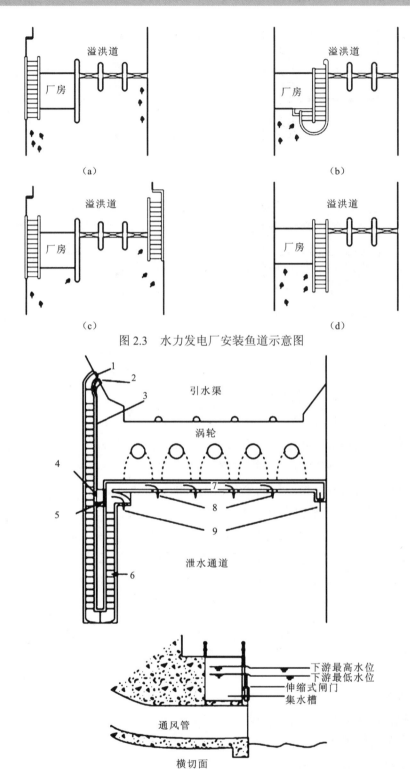

图 2.3　水力发电厂安装鱼道示意图

图 2.4　位于水轮机尾水管上方具有多个进口的集水廊道示意图

1.对漂浮物的保护；2.进水口为辅助用水；3.辅助管道；4.消能室为辅助用水；

5.注入辅助水的精细筛管；6.鱼道；7.集鱼池；8.次进口；9.主进口

2. 鱼道进口诱鱼水流

水流诱鱼研究一直伴随着过鱼设施的发展，在国外过鱼设施建设中，会针对主要过鱼对象进行流速测定试验，并取得了一定效果。研究表明不同种类及不同生长期的鱼对流速的响应规律均不同。

作为鱼类生活环境中的一种非生物因子，水流在鱼类的摄食、生长和新陈代谢等生命活动中有着重要作用。研究发现，水流水力特性与鱼类的索饵、生殖、防御和洄游等都具有非常重要的关系，水流对鱼类行为的影响被认为是最原始和最切实有效的，鱼类能通过身体表面的侧线感受到流速、紊动强度和压力的变化，其行为受到紊动尺度的影响（Arenas et al.，2015），流速作为水力学中最常用的指标，也是过鱼设施设计和研究中最重要的指标（廖伯文 等，2018）。

流出鱼道的水流能在距鱼道进口很远的距离被鱼类感觉到。鱼道进口吸引力取决于鱼道进口射流的方向和动量。射流动量越大，进口射流穿透尾水越远，鱼道进口越有吸引力。重要的是，离开鱼道的水流既不能被其他水流或横流所掩盖，也不能被尾水中无法与之竞争的水跃或涡流所掩盖。在水轮机或溢洪道的底部，离开鱼道的射流不能垂直于航道的总轴线，否则射流将会立即被破坏，不会在下游很远的地方持续下去。相反，鱼道进口射流必须与水流方向平行或仅与水流方向呈微小夹角。鱼道出口射流的角度与河道水流方向不垂直，以避免射流的破坏和流失。鱼道进口射流应与河道水流方向平行或稍微倾斜。仅当鱼道进口射流偏离河道主流或位于低流速区域时，鱼道出口设计才考虑与河道水流方向一致。在溢洪道处，有时可以通过调整闸门开度来调节流量，以提高鱼道的吸引力。在高流量时段，当不要求溢洪道具有满溢能力时，控制闸门的开度可由中心向两岸逐渐减小，制造湍流和高流速水流形成水幕，从而引导鱼类向鱼道进口上溯[图 2.5（a）]。当溢流量较低时，溢流应集中在距离鱼道最近的一侧[图 2.5（b）]。

高流量期间，打开的闸门不应关闭，因为这样会形成一个可以诱捕鱼的静水区[图 2.5（c）]。同样，不要过多减少岸边的流量，以免产生再循环涡流，再循环涡流可能会在鱼道进口附近引起水流流态紊乱，导致淹没鱼道的入口[图 2.5（d）]。

对于与水轮机相衔接的鱼道进口而言，确定它最佳位置较为困难。鱼类上溯的水力屏障可能在尾水管的出口处，也可能位于由水轮机排放形成的大湍流涡流产生的漩涡区域的上游。当离开水轮机的水流的残余能量很大时，鱼类上溯的水力屏障可能会出现在更下游的地方。离开鱼道的射流不能排放到由水轮机流出的不稳定的湍流之中，这些水流流态会掩盖鱼道射流。当在某些特定地点，过鱼设施中的水流流态可能因水电站运行条件而变化，鱼道进口的位置可能并不明显。在这种情况下，通过在合适位置设置多个进口，可以提高鱼道的过鱼效率。该问题极其复杂，难以解决，其中过鱼设施针对的是几种游泳能力和洄游行为有很大差异的鱼类，有些过鱼设施的过鱼情况还有待验证。如果通道主要针对洄游性鲑科鱼类，那么进口应尽可能靠近水轮机，且尽量靠近上游。另一方面，这对不具有相同游泳能力的小型鱼类并不有利。对于小型鱼类来说，鱼道的进口最好位于更下游、更少动荡的区域。这需要在设计鱼道进口时就明确目标鱼类。

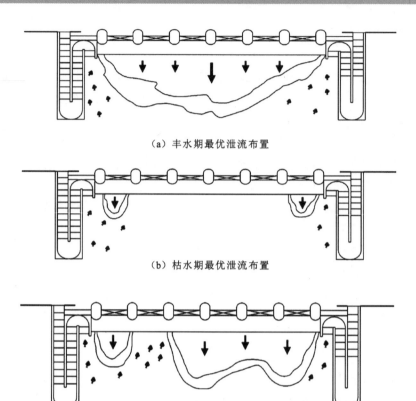

（a）丰水期最优泄流布置

（b）枯水期最优泄流布置

（c）泄流布置要避开静水区旁边的一个快速流动区

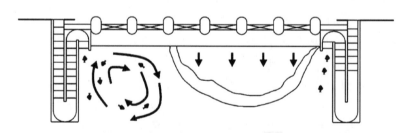

（d）应避免的泄流布置（回流漩涡）

图 2.5　调整大坝溢流分布以改善鱼类洄游示意图

鱼道进口不应被回流区所淹没，在此区域可能会出现鱼类被困的情况。如果出现这种情况，应该通过设置抛石防护来改变该区域水流流态，或通过布设丁坝来降低其影响（图 2.6）。

3. 声光电驱诱鱼技术

1）声音驱诱鱼技术

目前，关于鱼类发声系统的研究很多，主要集中在海洋动物发声系统的研究。目前已知大约 100 种鱼类存在发声行为，不同鱼类发出的声音不同，同种鱼类发出的声音也

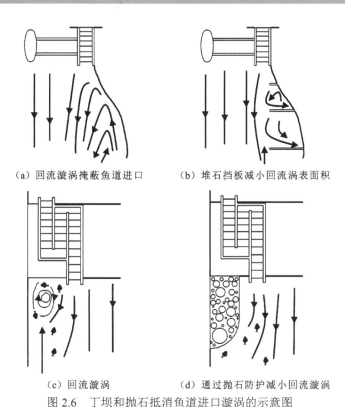

（a）回流漩涡掩蔽鱼道进口　　　（b）堆石挡板减小回流涡表面积

（c）回流漩涡　　　（d）通过抛石防护减小回流漩涡

图 2.6　丁坝和抛石抵消鱼道进口漩涡的示意图

会随着不同的环境及昼夜节律、季节等发生变化。鱼类发出的声波频率在 5～5 000 Hz，大多数鱼类发出的声波频率在 1 kHz 以下。鱼类能够依靠内耳和侧线对各种声音刺激产生相应的感觉，并由此出现各种各样的行为反应——趋声性。鱼类的听觉系统包括耳、气鳔及其他外周附属结构和听觉中枢。鱼类的趋声性包括正趋声性和负趋声性两种类型。正趋声性表现为在外界声音刺激下趋向声源，例如，近年来开始出现的"声诱渔业""海洋牧场"便是以鱼类的这种正趋声性为基础的；负趋声性表现为鱼在声音刺激下避开声源的方向游动，研究者常利用鱼类的这种负趋声性来阻拦和驱赶鱼群。

声音驱诱鱼是一项较新的技术，尽管其已经有了一定的实践基础，但总体上尚处于初步发展阶段。近年来，我国水电工程的建设规模不断扩大，建设的水平也不断提高，水电建设过程中对鱼类保护的要求也在提高，定向导鱼技术在防止鱼类进入水轮机，诱导鱼类进入过鱼设施或特定区域有较大的应用空间。同时，我国海域面积辽阔、海洋生物种类繁多，"蓝色农业"已经成为我国农业发展的前沿领域之一，成为未来解决资源和环境问题的战略领域，而声音驱诱鱼技术有望在"蓝色农业"发展过程中发挥特定作用，如实现大规模诱捕鱼。因此，开展声音驱诱鱼技术的研究具有深远而重大的意义，不仅可以配合水电开发实现驱诱鱼进而保护鱼类，而且可以在海洋牧场中诱捕鱼从而带来经济效益。

2）光驱诱鱼技术

光照也被证实对鱼有诱集和驱赶的作用，作为一种非结构性诱鱼措施，光驱诱鱼技术对鱼类不造成任何损伤，是一种健康绿色的驱诱鱼方式。鱼类对光线很敏感（周应祺 等，2013），眼睛是主要的光感受器官，但是，和其他许多脊椎动物一样，松果体也很重要，扁平鱼的幼鱼眼睛处有一个纯锥状视网膜，随着视网膜的感光细胞对光敏感度的增加，其视觉阈值会降低，鱼类视觉器官的不同直接造成其行为和习性的不同（Blaxter，1969），一般地，视杆细胞的鱼类对光的强度敏感，用视杆细胞来分辨明暗，而带锥状细胞的鱼类对光谱敏感，主要用锥状细胞分辨颜色（李大鹏 等，2004；罗会明和郑微云，1979）。相关研究者证实大多数鱼类视觉光波的范围是 340～760 nm，其对应的光照颜色分别是紫光、蓝光、绿光、黄光、橙光和红光，鱼类对恒定光既可能表现正趋光性也可能会表现为负趋光性，但是鱼类普遍躲避闪光，大部分鱼类对红光、黄光、蓝光和绿光的趋光性较明显（Arimoto，1993；Nemeth and Anderson，1992；Akiyama et al.，1991）。一些研究者认为鱼类的趋光性与其生活水层有很大关系，一般生活在水体表层的鱼类的趋光性大于生活在水体下层的，而底层鱼类更趋向于弱光或者具有负趋光性。在水环境中，光线被迅速吸收，蓝光能够比红光吸收得更快。因不同颜色光的波长不同，阳光因水的反射和吸收作用，随着水深的增加，红黄色光波随之消失，剩下能达到下层水体的只剩下蓝绿色光波。光照颜色是鱼类趋避行为的一个重要影响因素，有研究者发现鳜鱼苗具有辨别光色的能力，其在黄光和白光下反应最强，而在其他光照颜色下反应较弱（魏开建 等，2012），白光和红光对鲤的诱集效果最好，蓝光和绿光下鲤呈现负趋光性（许传才 等，2008）。相关研究者证明在黑暗条件下蓝圆鲹幼鱼对蓝光和绿光的趋光性显著高于红光（俞文钊 等，1978）。同样的，孔雀鱼幼鱼对蓝光和绿光有明显的趋向性，在红光和黄光下显示出明显的避光性（罗清平 等，2007）。奥利亚罗非鱼（*Oreochromis aureus*）应对不同光色的行为反应也存在很大差别，在相同的光照强度下，其在蓝绿光下的趋光性显著大于红黄光（肖炜 等，2012）。相反的，眼斑拟石首鱼（*Sciaenops ocellatus*）在蓝绿光下表现出的却是负趋光性（王萍 等，2009），故证明不同鱼类对光照颜色有着不同的行为反应，若要诱集某种鱼类，一定需要提前了解其偏好的光照颜色。

3）电驱诱鱼技术

电驱诱鱼技术是利用鱼类对水中电场所产生的各种行为反应，达到拦鱼、驱鱼、捕鱼的目的。早在 19 世纪初，国外学者就对不同形式的水中电场进行了初步研究。1928 年，Spencer 首次通过交流电来构建水中电场，阻止鱼类进入哥伦比亚河流域的灌溉排水沟，但在当时并未取得实际的效果，因为交流电对鱼类刺激大，副作用时间长，导致不少鱼类的伤亡，所以逐渐被淘汰。随着 20 世纪 80 年代脉冲直流电技术的发展，因脉冲直流电对鱼类伤害较小，且消耗的功率更低，所以研究人员逐渐开始将脉冲直流电作为电屏障的主要供电方式。在国内，电驱鱼技术发展较晚，大部分应用于电捕鱼行业中。但因当时管理不当，且缺乏经验，导致鱼种的数量急剧减少，并使水体中的藻类、浮游生物等水生生物死亡，所以国家明令禁止电捕鱼，并且颁布了相应的法律法规，加大了对电捕鱼的惩罚力度。这也间接阻碍了电驱诱鱼技术的发展。到了 20 世纪 70 年代末期，国内的一些科研单位及相关学者吸取了过去的失败经验，并总结了国外电驱诱鱼技术相对成功的案例，通过提高科研技术、加强理论知识、规范化管理等有效措施，进行了大量试验及实践，证明电驱诱鱼技术是水利、渔业中一种重要的驱诱鱼手段。

2.2.2　鱼道池室水力学助溯关键技术

1. 水流流态

Rajaratnam and Nallamuthu（1986）最早开展了竖缝式鱼道的研究工作，设计了 7 种不同结构形式的竖缝式鱼道，试验发现鱼道池室内的水深对水流流态有影响。鱼道池室内的水流流态与池室长宽比有关（Tarrade et al.，2008）。当池室长宽比 L/B（L 为鱼道池室长度，B 为鱼道池室的宽度）为 1.25 时，鱼道池室内流态稳定，存在供鱼类休息的回流区面积较大（徐体兵和孙双科，2009；Puertas et al.，2004）。当坡度为 5%，同侧竖缝式鱼道水池长宽比 $L/B<1.25$ 时，水流沿竖缝隔板流入下一级池室，水流呈射流状态，在主流流速区的两侧有回流形成；当 $L/B>1.88$ 时，呈射流状的水流通过竖缝隔板后直接撞击在水池壁，两侧也存在回流区，但面积更小；当 $1.25<L/B<1.88$ 时，池室中的水流为上述两种情况的过渡性水流流态。

罗小凤和李嘉（2010）分析了不同导板长度对鱼道水流流态的影响，得出导板的长度对主流流速及流速沿程衰减基本上无影响，但通过改变鱼道内主流的位置，可改变边壁对流态影响程度。在鱼道流量（Q）、水池长宽比一定时（不考虑边壁的作用），导角越大，主流流速区的弯曲程度越大，这可能导致消能效果不佳，所以可通过改变鱼道池室的长宽比来消能（曹庆磊 等，2010）。2015 年，边永欢等对竖缝式鱼道 90°、180° 转弯段水力特性进行了研究得出，增设整流导板可显著衰减主流区流速，弯段回流区的流速值明显减小。Puertas 等（2004）研究了竖缝式鱼道池室的墩头长度对水流流态的影响，研究得出隔板墩头的设置对水流结构的影响有限，基本可以忽略。鱼道池室的水流流态，如图 2.7 所示。

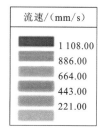

图 2.7　鱼道池室水流流态示意图

2. 流速

鱼类游泳特性是鱼类长期在水环境之中进化的结果，被广泛用于解析鱼类的行为。流速是表征水流特性最常见的指标。在研究鱼类响应流速的过程中，流速常被作为定量分析目标鱼类游泳能力的依据。一般认为，游泳行为的特征指标主要包括突进游泳速度（持续游泳时间小于 20 s）、临界游泳速度（持续游泳时间介于 20 s～200 min）和持续游泳速度（持续游泳时间大于 200 min）（Sanz-Ronda et al.，2015）。突进游泳速度反映了鱼躲避捕食者和突破流速障碍的能力（Beamish，1978）；临界游泳速度是鱼在一定时间内能保持的最大游泳速度（Brett，1964）；持续游泳速度指的是鱼类能够在一段时间内保持稳定的游泳速度，而不至于过度疲劳。

通常随着水流速度从较小值开始增加，水流对鱼类的应激作用渐趋明显，当水流速度大于鱼的感应流速时，鱼会作出一种定向反应，其通常表现为逆流上溯（正趋流性）。趋流性是不同鱼种在不同水动力条件下用于保存能量，同时抵抗下游位移的常见策略。有研究指出，鱼至少存在三种类型的行为和正趋流性有关：相对静止行为、目标导向行为、避流行为（Coombs et al.，2020）。其中，避流行为是鱼选择避开较高流速区域，转而选择低流速区域，这可能是为了节省更多的能量（Webb，1998）。另外，在研究鱼类上溯的过程中，偏好流速是另外一个被广泛关注的水力学指标，不同鱼种的偏好流速不尽相同，例如 Hou 等（2019）开展了短须裂腹鱼趋流性试验，最后得到了短须裂腹鱼的偏好流速在 0.01～0.37 m/s；雷青松等（2020）发现马口鱼（*Opsariichthys bidens*）应对流速障碍时选择低流速区域进行上溯，马口鱼的偏好流速为 0.30～0.35 m/s。

在自然界或者人造水流中，鱼类在上溯过程中可能会遇到高流速区域，即流速障碍区域。当鱼类进入高流速区域时，鱼常发生折返行为和顶流后退等行为。有研究提到，在饥饿条件下的食肉性鱼类会选择进入高流速区捕食游泳能力相对较弱的鱼类（Heggenes，2002）。但高流速会对鱼类产生负面影响，如鱼类的行为多样性减少及鱼鳍的损伤程度增加等。鱼类上溯时需累积足够多的能量，流速、流量太小或坡度太缓无法吸引鱼类上溯，而流速太大会导致鱼类上溯成功率降低。

一直以来，流速被认为是影响鱼类运动行为的重要水力学因子，除了对鱼类洄游起到重要的导向作用，流速的大小也左右鱼类洄游路径的选择。鱼道池室不同水深平面内形成了三个典型区域：主流区（A 区域），在两个长隔板之间从上游沿竖缝隔板流向下一个竖缝口，为高流速区；第二个区域为逆时针流动的回流区（B 区域），位于主流和上游短隔板之间，此区域为低流速区；第三个区域为顺时针流动的回流区（C 区域），此区域为低流速区。在 $0.3H$（H 为水深）相对水深平面，两个竖缝隔板间的 A 区域平均流速为 (0.32 ± 0.15) m/s，主流区占整个池室面积的 36%；B 区域平均流速为 (0.15 ± 0.09) m/s；C 区域平均流速为 (0.17 ± 0.08) m/s，如图 2.8 所示。

3. 紊动能

紊流是由水流流动产生的各种不同尺度的涡旋，在时间和空间上不规则地随机变化

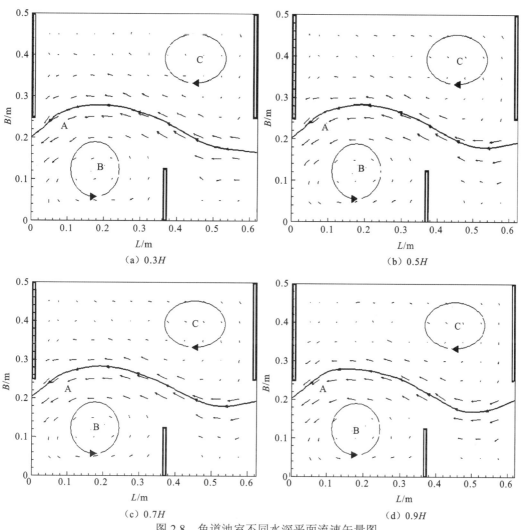

图 2.8　鱼道池室不同水深平面流速矢量图

叠合而成。紊流的大小，可形成吸引流吸引鱼类上溯，也可使鱼类停止上溯。紊动能
（turbulent kinetic energy，TKE）与给定点的脉动流速有关，能反映出流速脉动振幅（郭
维东 等，2015；孙双科 等，2006），若池室中水流紊动过大，当鱼类经此上溯时，会使
鱼类过快消耗体能，在鱼道池室内不能辨清方向，最终无法顺利上溯（Tarrade et al.，
2008）。紊动能（单位为 m²/s²）的计算公式如下（Tritico and Cotel，2010）：

$$TKE = \frac{1}{2}(u_x'^2 + u_y'^2 + u_z'^2) \tag{2.1}$$

其中，u_x'、u_y'、u_z' 分别为沿三个不同方向 x、y、z 的脉冲速度，单位均为 m/s。

$$u_i' = u_i - \overline{u_i} \tag{2.2}$$

其中，u_i 为瞬时速度，$\overline{u_i}$ 为时段平均速度，u_i' 为脉冲速度，单位均为 m/s。

　　Bunt 等（2000）、Blake（2004）研究得出竖缝式鱼道内的紊动能影响鱼的游泳性能，
紊动能造成鱼在运动过程中消耗更多的能量。Enders 等（2005，2003）建立了大西洋鲑

（*Salmo salar*）游泳能耗模型，用于评估其总的能量消耗，研究发现，随着紊动能的增加，鱼类总的游泳能耗随之增加，而鱼类能量消耗极易引起鱼类的游泳障碍。Silva 等（2012，2011）对鲤科鱼类的游泳行为与紊动能之间的关系进行相关性分析，发现对体长为 15～25 cm 的鱼，紊动能与鱼的运动具有相关性。Goettel 等（2015）和 Liao 等（2003）研究得出紊动能使鱼产生大量乳酸，对鱼的运动产生影响。Lupandin（2005）分析了水流紊动对河鲈运动速度的影响，结果表明，过大的紊动能可能减慢鱼类在水中的反应能力，造成鱼类在竖缝式鱼道中迷失方向，鱼类通过鳃呼吸，鳃丝能够从水中提取氧气，当水中存在大量气泡时，这些气泡可能会阻碍水中的氧气与鳃丝接触，从而影响鱼类正常的氧气摄取。Bunt 等（2000）通过对竖缝式鱼道进行实际过鱼观测得出：鱼道池内的紊动能、水流掺气、回流和旋涡等水力特性的改变可能是导致鱼类停留或无法继续通过鱼道的原因。Amado（2012）研究指出，若鱼的体长小于紊动漩涡的尺度，则紊动能会对鱼的游泳能力产生较大影响，反之亦然。因而，紊动能的大小对鱼类上溯过程中的运动产生了很大程度的影响。

紊流的本质表现为许多大小不等的涡体互相混掺前进，其位置、形态、流速都在时刻发生着变化，若池室中紊流过大，则对大多数习惯在较为平稳的水流中洄游的鱼类产生巨大的挑战，鱼类在紊动过大的水流中上溯，会增加其控制身体平衡的难度，可能造成鱼类迷失方向，使鱼体内能量过快被消耗，造成鱼类上溯所需的体能额外增加，鱼类在上溯过程中过度疲劳，最终导致体内积累大量乳酸而死亡（刘稳 等，2009）。针对鱼类的偏好流速已有较为科学成熟的研究方法，然而，截至目前多数研究仅表明适度的紊动能有利于鱼类更好地完成上溯过程，并未进一步指出其具体的紊动能范围。本小节探索草鱼在竖缝式鱼道内洄游过程中优先选择的紊动能值，结果发现，多数草鱼上溯路径上的紊动能值分布在 $0.02\sim0.03$ m^2/s^2 出现峰值，表明草鱼在上溯过程中对紊动能具有一定的选择性（图 2.9）。其次，在此区间的占比最高（均值约 25%），由此得出，洄游过程中草鱼对紊动能的偏好值范围为 $0.02\sim0.03$ m^2/s^2。

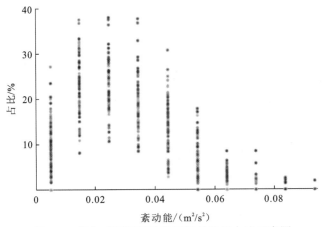

图 2.9　草鱼对不同紊动能区间的选择占比示意图

4. 雷诺应力

雷诺应力是表示速度梯度的一种流体力，因湍动水团在流层之间的交换产生的附加应力。雷诺应力影响鱼类迁移上溯，但是关于雷诺应力对鱼类移动影响的详细资料却很少。不同鱼种能应对的雷诺应力阈值存在差异，同一鱼种在水中的不同发育阶段抵抗雷诺应力的能力也不尽相同（Santos et al.，2014）。一般过鱼设施试验中水流较为湍急，如池堰式鱼道水平方向最大雷诺应力约为 60 N/m^2（Alexandre et al.，2013）。Duarte 和 Ramos（2012）研究发现，当鱼在两个速度不同的水团之间移动或在实体结构附近移动时，鱼体表面可能会受到雷诺应力的影响。有研究发现兔脂鲃（*Leporinus reinhardti*）和斑油鲇（*Pimelodus maculatus*）均喜好雷诺应力接近 0 的区域。

雷诺应力与水流速度变化率呈正相关。这种力会平行施加在鱼体上，从而影响鱼类的游泳能力和游泳姿态稳定性，同时也会导致鱼类受伤甚至死亡。鱼种不同，抵抗水流应力的能力也存在差异，同一鱼类在不同生长阶段抵抗水流应力的能力也不同。此外，接近固体表面的水体会产生较大剪切力，对鱼类造成的影响远大于紊流强度增加所造成的影响，这主要体现为鱼类在流速急变中易受伤。对原生态河流而言，雷诺应力普遍不大。但在过鱼设施，其水流大多湍急，变化范围大。如池堰式鱼道中水平方向最大雷诺应力达到 60 N/m^2。Alexandre 等（2013）在室内池式鱼道中通过肌电图遥测技术（electromyogram telemetry）研究伊比利亚鲃鱼的游泳行为，并对影响试验鱼游泳行为的一些水力因子参数进行测量，如流速、湍流强度、雷诺应力等，得出水平方向雷诺应力对试验鱼上溯游泳速度影响最大的结论（Santos et al.，2014）。又如，在池式鱼道中进出口对角线布置相对于直线布置更有利于鱼类用更少的时间通过鱼道。主要因为进出口直线布置下流速变化大，产生较大剪切力，以及产生高比例的大涡径导致鱼类迷失方向失去平衡（Silva et al.，2012a）。

在以往的研究中，多数国外学者探讨了雷诺应力对鱼类的影响，且一致认为鱼类普遍逃避雷诺应力，过大的应力会引起鱼类身体的不适感。因此，本小节采用反权重插值的方法对试验中的草鱼运动路径上的雷诺应力进行计算，并加以统计分析不同区间的占比情况（图 2.10）。结果表明，无论是哪个平面的雷诺应力，草鱼均优先选择 0～0.01 N/m^2 的区域进行上溯，随着雷诺应力的增大，草鱼对其选择占比也越来越小。

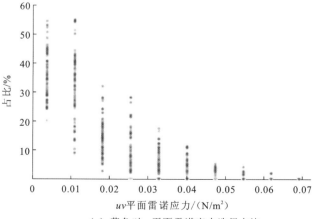

（a）草鱼对 *uv* 平面雷诺应力选择占比

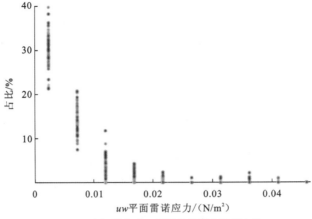

（b）草鱼对uw平面雷诺应力选择占比

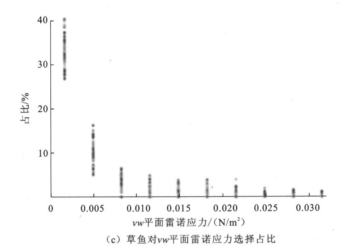

（c）草鱼对vw平面雷诺应力选择占比

图 2.10　草鱼对不同平面雷诺应力的选择占比示意图

扫一扫，见彩图

5. 紊动耗散率

根据 Fluent 分析软件的解释说明，紊动耗散率（turbulent dissipation rate）ε 定义为

$$\varepsilon = C_\mu^{\frac{3}{4}} \frac{k^{\frac{3}{2}}}{l} \tag{2.3}$$

其中，C_μ 为紊流模型中指定的经验常数（近似为 0.09），μ 为平均流速（m/s），l 为紊流尺度（m），k 为紊动能，l 的计算公式为

$$l = 0.07L_0 \tag{2.4}$$

其中，L_0 为特征长度（近似为水力直径）（m）。

紊动耗散率作为描述紊动状态的水力特征变量之一，Arenas 等（2015）研究指出，若鱼道各级池室内的紊动耗散值越高，鱼类在上溯时就越困难。因而，在本节的研究中，进一步分析其对鱼类运动的影响。

本小节采用同样的方法对草鱼运动路径上的紊动耗散率做了统计分析（图 2.11），结果表明，多数草鱼洄游路径上 20%～60%的紊动耗散率处于 0～0.05 m²/s³，随着紊动耗散率的增加，草鱼对其选择占比呈现逐渐减小的趋势，这表明草鱼亦不喜欢高紊动耗散率的区域。

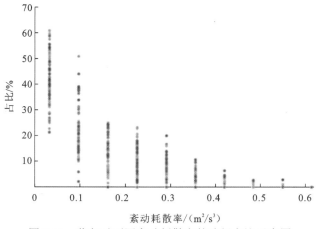

图 2.11　草鱼对不同紊动耗散率的选择占比示意图

6. 涡

在连续介质力学中，涡量为流体速度矢量的旋度，描述了一个连续介质在某个点附近的局部旋转运动，是表征涡流运动强度和方向的重要物理量之一。现实中有很多常见流体旋转的例子，例如，井式泄洪洞泄水过程中产生水流自旋现象、水流漩涡、风漩涡等。涡量是空间水力学湍流的另一种度量方式，可以量化流体的物理属性，并可以用来帮助鱼类定位。Shields 等（1995）发现丁坝产生的涡旋可能会大大增加鱼类的生物量。Crowder 和 Diplas（2000）提出了基于二维水动力模型和空间能量度量方式，利用涡量评论了两种新的能够量化河流内水流复杂性的空间方法，因此可以利用比较局部涡量值来区分被不同特征流体包围的具有相同深度和速度值的两个位置。

涡流无疑是鱼类栖息地存在的普遍特征。正是这种涡流结构，揭示了水流流动可视化。目前在技术上无法确定鱼在大范围空间可视化涡流下的行为反应。这造成在实践中涡流对鱼造成的影响并不清楚。因此在实验室中用不同的诱导方法制造非稳定流场以了解复杂流场对鱼的影响意义重大。水流可视化技术为在理解鱼与涡流相互作用时提供所需要的水流信息。研究者们提出了一个重要的基本概念，即承认涡流主导的水流对鱼类游泳行为的干扰与涡径相对于鱼体长度有关（图 2.12）。

常见鱼类生境中涡流的产生形式主要有两种：①波浪主导流动；②涡旋主导流动。本节研究主要关注的是涡旋主导的流体结构。图 2.13 展示了堰流涡量场空间流场变化特征。可以看出，堰下受 x 负向较大流速和底板顶托作用的影响，水流呈逆时针方向环状运动，为立轴旋涡，堰下涡量刻画的雷诺应力和旋转强度明显。为了量化垂向跌流流场对鲢幼鱼的行为影响，本节定义绕 y 轴顺时针旋转的涡量为正，反之为负。同时在跌落主流附近区域存在较大的涡量值，这表明主流附近的水速变化剧烈。而且，无论水

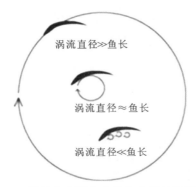

图 2.12　涡量大小和鱼个体大小相对关系示意图

深和落差变化，堰下存在显著的涡量正值。随着旋涡逐渐输运、扩散和脱落，涡量也相应减小。

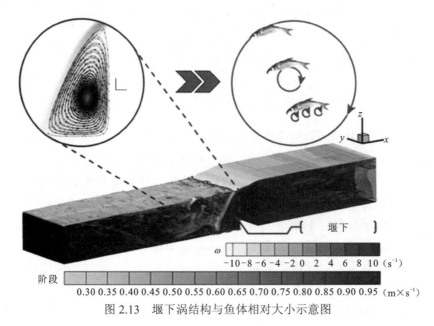

图 2.13　堰下涡结构与鱼体相对大小示意图

2.2.3　鱼道出口辅助过鱼关键技术

1. 鱼道出口位置选择

鱼道出口处不应位于溢洪道、堰或水闸附近的急流区，在这些地方设置出口，可能导致鱼类被冲回下游。此外，鱼道出口也不应位于静止或回流区域，在那里鱼类可能会被捕获。鱼道出口应位于靠近岸线、流速适中的区域内。将鱼道出口设置在岸线或岸线附近通常优于将其设置在障碍物中间。这不仅是因为洄游鱼类一般会沿着河岸移动，而且也是为了便于检查、监测和维护。鱼道出口不宜设置在自然淤积的区域，特别是弯道内侧。

　　鱼类从鱼道出口游出鱼道进入上游。鱼道出口位置，应满足以下要求：一是，能适应水库水位的变动，在过鱼季节，当库水位变化时，应保证鱼道出口有足够的水深，且与水库水面很好的衔接，出口外应无露出的洲滩和水道阻隔；二是，出口应远离溢洪道、厂房进水口等泄水、取水建筑物，以免进入上游的鱼被下泄水流带回下游，必要时鱼道出口应设置隔水墙与泄水流道隔开；三是，鱼道出口宜傍岸布置，出口外水流应平顺，流向明确，流速不宜大于 0.5 m/s；四是，鱼道出口宜避开严重污染区、污物聚集处、码头和船闸上游引航道出口等。鱼道出口上游一定范围内不宜有妨碍鱼类继续上溯的障碍。

　　图 2.14 展示了升鱼机鱼道出口的案例，包括出口水槽、鱼道出口和拦污栅。

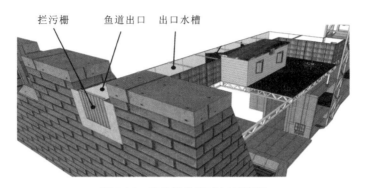

图 2.14　升鱼机鱼道出口示意图

2. 鱼道出口高程的选定

　　对于有底栖生物上溯的鱼道，出口不宜悬空，底部应与上游河床或岸坡平顺衔接。鱼道出口应设闸门，以控制鱼道水位和流量，确保隔板过鱼孔流速满足设计要求，并为鱼道检修创造条件。在主要过鱼季节，鱼道出口宜控制 1.0～1.5 m 水深。鱼道出口处水位变幅大于 1.0 m 时，为控制鱼槽流速，宜设置不同位置与高程的多个出口。鱼道出口宜为开敞式，并应设置拦漂设施。当鱼道出口与水电站厂房布置在同一侧时，可将电站厂房与鱼道的拦漂设计一起考虑。

2.2.4　集运鱼系统设计要点

1. 集运鱼船位置选择

　　根据集运鱼系统工作流程，上行集运鱼系统可分成集（诱）鱼系统、提升与转运系统、放流系统、辅助系统四大部分。集鱼系统包括可移动集鱼平台、底层鱼类水流诱集装置、深水网箱；提升与转运系统包括陆上运鱼车和固定吊车等；放流和辅助系统包括水泵系统、运鱼公路、集鱼工作平台和管理用房等。

　　集鱼系统主要布置于坝下游导流洞出口附近水域，包括集鱼平台、深水网箱、底层鱼类水流诱集装置。集运鱼系统运行流程为：集鱼平台通过进鱼口的诱导水流吸引鱼类进入集鱼船通道内，待鱼类达到一定数量后，启动通道段的拖拽格栅，将目标鱼类驱赶入集鱼箱中。其后用吊车将集鱼箱由集鱼池内提升，在操作平台处将鱼转移至带有维生系统的集鱼箱中，然后通过运鱼车过坝到达至库区放流地点放流。

集运鱼系统中的主体是集鱼船，集鱼船上行过坝，可帮助生殖洄游性鱼类上溯产卵，下行过坝可保护幼鱼，避免其受到涡轮机、泄洪道的损伤。集鱼船主要形式有集鱼平台、配工作艇的集鱼平台、集运鱼一体船等，而配工作艇的集鱼平台、集运鱼一体船其实是同一种概念，只是工作艇负责转运集鱼箱，集运鱼船中的运鱼船可将鱼运到放鱼点。集运鱼船通常由集鱼船和运鱼船经挂钩前后挂接而成（图 2.15），有时也可通过水下旁路系统连接。二者均为平底船，设有专门的集鱼舱道与补水机组。

图 2.15　集运鱼船示意图

集鱼船的工作原理：首先在鱼群宜集中的地方抛锚固定，开启舱道两头闸门，放下拦鱼栅，让水流从舱道中流过，并利用补水机组使水流速度增加，促使鱼类游入集鱼舱道。然后进行计数、选鱼，后提起运鱼舱道网格闸门，把集鱼船所集之鱼驱入运鱼船或集鱼箱。两船脱钩后，运鱼船通过船闸过坝卸鱼于上游水域。通常 1 艘集鱼船需配备 2～3 艘运鱼船，交替挂接，连续工作。集鱼船可在鱼群集中的地方，通过改变流速的方式吸引不同的鱼类，也可利用水下诱鱼灯、声控诱鱼装置等，作为辅助诱鱼措施。集鱼平台集鱼过程和特点与配有工作艇的集鱼平台、集运鱼一体船一样，主要只负责集鱼，无须额外的动力运输船。

2. 集鱼平台进口诱鱼

集鱼平台的诱鱼方式包括灯光诱鱼、水流诱鱼、气泡幕诱鱼、深水网箱集鱼等，集鱼平台俯视图见图 2.16。

灯光诱鱼主要利用鱼的趋光性来诱鱼。鱼类的趋光性指鱼类对光刺激产生定向运动的特性。包含正趋光和负趋光。目前，趋光性主要是用于光诱鱼、光赶鱼和光拦鱼。其中光照强度和光照颜色主要用于集诱鱼，闪光用于赶鱼和拦鱼。灯光诱鱼的效果已经在实践中被验证，集鱼平台、深水网箱和底层鱼类诱集装置都可以采用，也适用于不同工况，而且布置容易，对鱼也没有物理损伤。LED 可以布置在集鱼平台甲板上，深水网箱

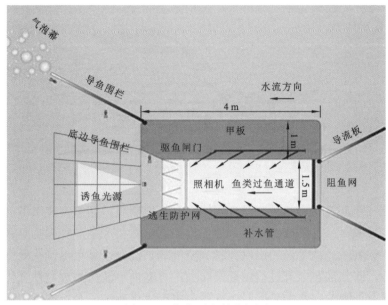

图 2.16　集鱼平台的俯视图

和底层鱼类诱集装置可以布置暖白色的 LED，以引导鱼类进入集鱼装置。灯光诱鱼只在晚上诱鱼效果好，所以在集鱼船和底层鱼类诱集装置中灯光诱鱼仅作为水流诱鱼的一种补充。

水流诱鱼主要依靠鱼类对于流速的响应行为，即鱼类趋流行为来进行诱鱼。鱼类的趋流性，是指鱼类能根据水流的方向和速度随时调整自身的游向和游速，使自身保持逆流游泳状态或长时间停留在某一特定的位置。鱼类趋流的测量指标主要包含感应流速、偏好流速和极限流速的测量。不同鱼类的感应流速、偏好流速和极限流速均存在差异，如黑鲪幼鱼的感应流速为 0.10～0.15 m/s，偏好流速为 0.2～0.45 m/s，极限流速为 0.6～0.7 m/s；鲤、鲫、鲢、草鱼、梭鱼、团头鲂、鲌、乌鳢、鲶等鱼类的感应流速在 0.2 m/s 左右，偏好流速在 0.3～0.8 m/s，且它们的极限流速存在较大差别。不同鱼类表现不同的趋流行为与鱼类栖息地水流环境有关，研究表明栖息在河流中的鱼类其极限流速往往大于栖息在湖泊中的鱼类，即河流中鱼类受较大水流速度的影响，一般克流游泳能力较强，尤其是洄游性鱼类。因为不同鱼类的趋流行为存在差异，所以在设计集运鱼船前，需要对目标鱼类的趋流行为进行研究，对于底层鱼类水流诱集装置，需要根据鱼类对来流的行为响应及空间分布特征，在射流口周围布设朝外的喇叭形结构，并在适当位置连接地笼通往水面的网目结构，形成引导鱼类进入预先设置好的集鱼箱的单向通道，在保证结构稳定和便于安装的前提下最大程度地收集目标鱼类，并通过地笼将其引至预先设置好的集鱼箱内。

气泡幕驱鱼技术（图 2.17）的原理是通过管道释放压缩空气或自然空气形成气泡墙以干扰鱼类的运动。当鱼群靠近气泡幕时，气泡幕形成一道气泡墙阻碍鱼类前行，同时气泡上升振动发声，在视觉和听觉的共同作用下将鱼群吓走，也可有目的地改变气泡幕的形状将鱼群驱赶到一处，达到聚集鱼群的目的。

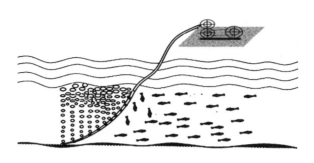

图 2.17　气泡幕驱鱼示意图

一般认为气泡幕对鱼有三种刺激作用：一是视觉刺激，即气泡在水下产生后，随着上升到水面，形成一个帷幕或者说是一堵气泡墙，这对鱼产生一种视觉刺激，形成视觉屏障；二是听觉刺激，从管道的出气孔释放空气和水混合，靠近出气孔处空气流的运动具有涡流特性，即气泡在上升过程中逐渐膨大，气泡内声波压力周期性变化引起气泡内空气振动，以及气泡冲出水面破碎时，这些都将产生声响；三是机械压力振动，形成气泡幕的压缩气体从出气孔高速喷出时，气泡在上升运动过程中都会强烈搅动水体，使水的压力发生变化，产生低频机械振动，这种振动会被鱼的侧线器官所感觉。

随着水位和季节的变化，鱼类在索饵、繁殖、越冬时的分布变动呈一定的规律，利用这种规律在鱼类活动的通道上布设深水网箱，利用翼网、中心挺网、谎旋网、大轮网的联合作用来集鱼，形成引导鱼类进入预先设置好的连接集鱼箱的单向通道，在保证结构稳定和便于安装的前提下最大程度收集目标鱼类，并通过地笼将其引至预先设置好的集鱼箱内。

3. 集鱼舱导鱼

集鱼舱是现代渔船上一个关键舱室，专门用于集中和储存捕捞到的鱼类。舱室的设计和运作方式对渔业的效率和捕获鱼类的质量有重要影响。集鱼舱导鱼指的是一种渔业技术，主要应用于现代渔业船，这项技术是将捕捞到的鱼类集中并引导至特定的舱室，通常是为了高效地处理和保存捕获的鱼类。具体操作方式可能因船只的设计和渔业的具体需求而有所不同。

4. 集鱼箱提升技术

提升转运系统由竖向提升工具、暂养网箱、运鱼桶组成。集运鱼系统的提升系统主要分为垂直提升、轨道提升型、索道提升三种类型。垂直提升型一般应用于高度差较低的工程中，垂直提升方式比较简单，直接用起吊装置将集鱼箱提升至运鱼车。例如果多水电站过鱼设施方案中集鱼箱离地面约 15 m，重量较轻，适合使用垂直提升方式。轨道提升型是将提升舱沿坝体布置的轨道进行提升，一般应用于高差较大工程。索道提升型主要是采用缆线吊装的方式，一般应用于高坝工程中。三种提升类型中垂直提升型最为简单，中间环节少，并且可以兼顾其他用途。

鱼类进入集鱼平台的集鱼箱后，采用吊车将集鱼箱吊起转移至运鱼车。鱼类进入底层鱼类诱集装置和深水网箱的集鱼箱后，缓慢提起底层鱼类诱集装置和深水网箱的地笼，将其中滞留的部分鱼类赶至集鱼箱，关闭地笼和集鱼箱之间的连接通道。集鱼箱的底部可开启，底部通过聚氯乙烯管与运鱼桶相连，集鱼箱底部开启后，缓慢提起集鱼箱，将集鱼箱内的鱼赶到聚氯乙烯管，并进入运鱼桶中，再将运鱼桶转移到运鱼车。暂养网箱作为各集鱼装置中鱼类的备选转运中间点可随时承载少量鱼类，待到鱼类聚集到一定数量后将暂养网箱用吊车提升至运鱼车。运鱼车中设有生命维持系统，保证内部的水文和水质，集鱼箱的底部可开启，可将集鱼装置中的鱼放入运鱼车。当鱼转移至运鱼车上后，运鱼车向放流地点行驶，运鱼过程中注意降低运鱼车的噪声，同时通过控制流速制造鱼类适宜的流场环境。当发现受伤鱼类或不健康鱼类，将鱼类取出并进行急救处理。

5. 目标鱼放流技术

（1）目标鱼放流方式。放流方式主要分为四种：集鱼转运绕坝放流、放鱼槽/管过坝放流、提升舱放流和放鱼槽放流。

集鱼转运绕坝放流：指先在坝下采用集鱼系统集鱼，鱼进入集鱼箱之后通过提升装置提升至坝顶，再采用转运放流系统将鱼类放流至库区，此系统一般需要一定的补水设施，工程实例如图2.18所示。

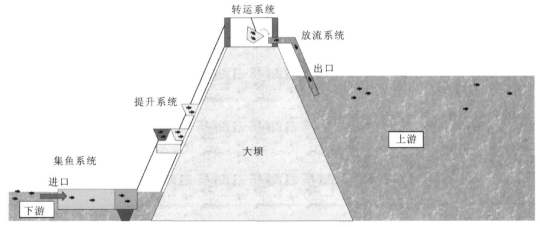

图2.18　集鱼转运绕坝放流示意图

放鱼槽/管过坝放流：指鱼类提升至过坝高程后，将提升箱中的鱼和水通过管道运输至坝上区域，通过水槽或管道将鱼类放流至水体中，工程实例如图2.19所示。

提升舱放流：指采用索道与轨道将提升箱转运过坝后，直接将提升舱下降放置库区水体当中，让鱼类自由游出，工程实例如图2.20所示。

放鱼槽放流：当放流地点离坝址较远时，需采用运鱼船与运鱼车进行转运，通过运鱼船或运鱼车上设置的放鱼槽进行放流，工程实例如图2.21所示。

图 2.19　过坝槽/管过坝放流示意图

图 2.20　提升舱放流示意图

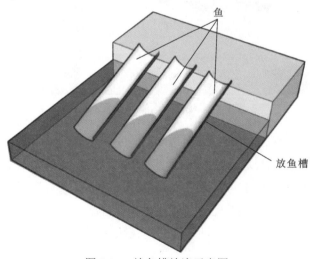

图 2.21　放鱼槽放流示意图

以上四种放流方式中前三种主要用于坝前库区直接放流,工程造价较高。

放鱼槽放流这种方式工程造价较低,故而一般采用这种方式进行放流。对放鱼槽放流形式分析,运鱼车抵达放流点后,选择适宜的放流方式能够增加鱼群的存活率,保证安全过鱼。选取的车运放流形式包括两种:滑槽式放流和随车管式放流。

滑槽式放流:该放流形式即将所运鱼类通过连接滑槽的固定水池泄入放流河道中。首先需在放流点岸边修筑一个足以容纳单次放流鱼群的放流池,池与河道通过滑槽连接。池中水需为循环水,以保证其水质、水温、溶氧量等能够满足鱼类的生活需求。当运鱼车到达后,首先将车载运鱼箱内的鱼和水一起缓慢倒入放流池中。之后,将放流池中的鱼通过滑槽泄入河道中。滑槽式放流具有不伤鱼的优点,整个过程鱼类不会受到过大的刺激。并且,通过放流池的过渡,鱼群可以提前适应放流河段的水温和水质等。此外,工作人员可以通过检查放流池中等待放流的鱼群,对运鱼过程中鱼类存活率和活性等做初步判断,有利于保证过鱼质量,并为运鱼方式的改进提供参考。

随车管式放流:需在专业运鱼车后连接输鱼管道,集成运鱼放鱼,实现一体化(图2.22)。首先需要在放流地点修建一个放流池,池中的管道与河道连通,并且保证池中的水为循环水,能够满足鱼类的基本生活需求,当运鱼车到达放流地点时,首先将车中的水和鱼缓缓倒入池中,随后,放流池中的水和鱼会随着管道流入河道中。

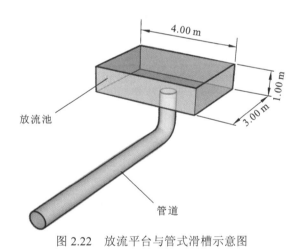

图 2.22　放流平台与管式滑槽示意图

(2)目标鱼放流地点。确定放流地点应遵循以下原则:①放流地点处在鱼类洄游线路上;②具有适合主要过鱼种类的生境;③无水质污染水域;④无人为或船只干扰水域;⑤有一定流速引导的水域。经过现场勘察,同时根据目标鱼类的生活习性、水文、水质特点以及周边环境特点,特别注意放流地点河段应有一定的流速,该流速通常应大于鱼类的感应流速,以便目标鱼类放流后能继续上溯。

2.3　与过鱼设施有关的鱼类游泳行为

2.3.1　趋流行为

趋流性是鱼类顶流游泳的一种基本能力，指其通过主动调整身体姿态和游动方向，以适应水流的方向和速度，并在水流冲击下保持身体的平衡。这种能力对鱼类来说至关重要，因为它们需要利用这种特性来寻找食物、寻找配偶、迁移产卵以及避开捕食者。趋流性是大多数水生生物都具有的能力，是大多数鱼类和两栖动物共有的先天行为。在自然界中，水流是不断变化的，其速度和方向可能会随时间和地点而变化。鱼类拥有一种高度发达的感觉系统，特别是侧线系统，这使得它们能够感知水流的微妙变化（Montgomery，1997）。侧线是一种位于鱼类身体两侧的感觉器官，它能够检测水的流动和压力变化，即使在光线不足的条件下也能有效工作。通过侧线，鱼类能够感知到水的流速和流向，并据此做出相应的行动。例如，某些鱼类可能会逆着水流游动，这有助于它们在河流中向上游迁移，寻找食物或合适的栖息地。而其他鱼类可能会选择与水流方向保持一致，即顺流而下，以便更有效地迁移或觅食。鱼类的趋流性也与它们的生存和繁衍环境密切相关。不同的水域环境，如小溪、河流、海洋等，都有其独特的水流特点。鱼类会根据所处的环境，通过学习和进化，发展出最适合自己的趋流特性。

本章以鳙（*Aristichthys nobilis*）幼鱼的趋流行为为研究案例，依托自制"鱼类自主游泳行为测试"装置（图 2.23），设置不同照度、流速、群体大小水平进行试验，考察不同工况下鱼体的趋流性，分析光照和集群个体交互作用对趋流性的影响。统计各试验条件下鳙幼鱼的顶流头部朝向角，分析其趋流性随流速、照度及群体大小的变化情况。

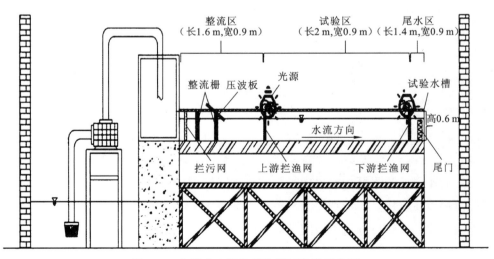

图 2.23　鱼类自主游泳行为测试装置示意图

趋流试验结果（图 2.24）表明：鳙幼鱼趋流性随流速递增显著增加，0.15 m/s 与 0.25 m/s 流速间递增趋势最为显著（3 个照度水平下均 $P < 0.001$），鳙幼鱼趋流性随光照变化因流速而异，且在明亮群体条件下得到显著提升；光照可有效消除单尾鳙幼鱼的逆流后退趋势，且集群个体交互作用对鱼群上溯有明显促进作用；流速能有效提高鳙幼鱼的游泳稳定性，三尾组各流速下的稳定性均随照度增大显著增加（0.15～0.65 m/s 流速下均 $P < 0.05$），而集群个体交互作用在黑暗环境中会削弱其稳定性；可通过调整鱼道进口和下行通道上游入口中的水流、光照和集群情况，优化鱼类的过坝环境，从而提升过鱼效果。

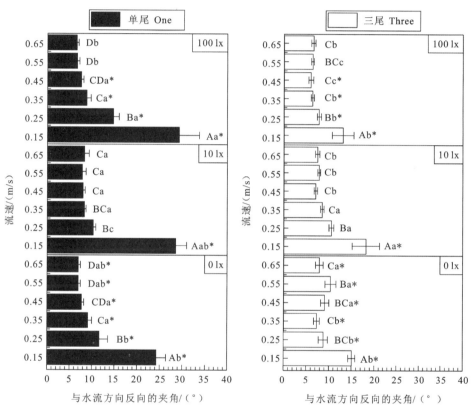

图 2.24　鳙幼鱼在不同照度、流速及群体大小工况下鱼头方向和水流方向反向的夹角

大写字母表示相同照度不同流速下的差异性；小写字母表示相同流速不同照度下的差异性；

*表示单尾组与三尾组在同一照度和流速下的差异性

2.3.2　爆发−滑行行为

爆发−滑行行为由一个或多个连续的爆发游泳和紧随的滑行游泳组成。爆发游泳包括从稳态迅速增加到高游速的快速启动阶段和尾鳍等幅摆动维持高游速的匀速阶段。滑行游泳包括从高游速逐渐降到相对水流静止的减速阶段和停止游泳被水流往后冲的滑行阶段。在鱼类的各种游泳行为中，爆发−滑行行为是重要的行为方式，在鱼类上溯游泳过程中发挥重要作用，常常作为鱼类游泳能力的指示指标。爆发-滑行行为的早期研究多集中于探究鱼体运动时行为姿态的变化和该行为是否节能（Videler and Weihs，1982），试验多在高流速下进行。本小节试验着重研究低流速下鱼类的爆发-滑行行为，旨在比较不同流速下鱼类的行为学策略及其发挥的不同作用，相关研究在国内外文献中较为少见。尽管如此，爆发-滑行行为作为重要的鱼类行为学指标引起了国内外学者的广泛关注。相关研究进展表明，爆发-滑行行为可间接替代临界游泳速度等指标作为游泳能力的指示指标（Tudorache et al.，2007；Dutil et al.，2007）。

　　本小节以鲢（*Hypophthalmichthys molitrix*）幼鱼的爆发-滑行行为为研究案例，在水温（18±1）℃的条件下，以全长（11.70±0.57）cm 的鲢幼鱼为研究对象，测定其在不同流速（16.5 cm/s、22.0 cm/s、27.5 cm/s、33.0 cm/s、38.5 cm/s、44.0 cm/s、49.5 cm/s和 55.0 cm/s）下的持续游泳时间、折返百分率和爆发-滑行行为运动数据。采用实验室自行制作的螺旋桨式游泳仪（图 2.25）。试验区上方安装一个摄像头，对鱼的游泳行为进行监测并记录试验鱼的相应游泳时间。

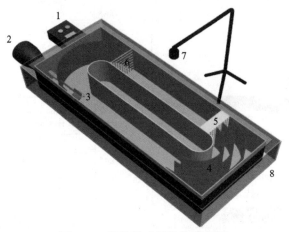

图 2.25　螺旋桨式游泳仪示意图
1. 变频器；2. 电动机；3. 螺旋桨；4. 导流栅；5. 整流器；6. 拦网；7. 摄像头；8. 水槽

　　爆发-滑行试验结果表明，爆发-滑行游泳的爆发时间随流速的增加呈上升趋势（图 2.26）（$y=0.03x+2.64$，$R^2=0.92$，$P<0.05$）。对地爆发距离均在 30~45 cm，没有显著性差异（图 2.27）（$P>0.05$），绝对爆发距离存在极显著性差异，且随流速的增加而增加（图 2.27）（$y=4.98x-5.63$，$R^2=0.98$，$P<0.001$）。绝对爆发速度与水流速度之间存在线性正相关关系（图 2.28）（平均爆发速度：$y=0.98x+10.74$，$R^2=1.00$，$P<0.001$；最大爆发速度：$y=1.02x+13.75$，$R^2=0.99$，$P<0.001$）。研究表明鲢幼鱼在不同的流速下采取的爆发-滑行行为策略不同。

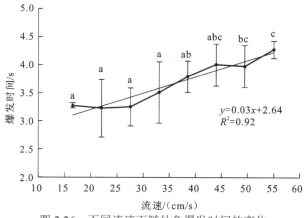

图 2.26　不同流速下鲢幼鱼爆发时间的变化

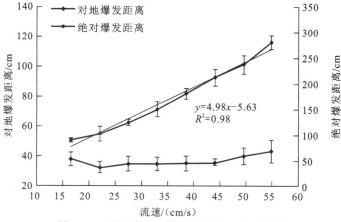

图 2.27　不同流速下鲢幼鱼爆发距离的变化

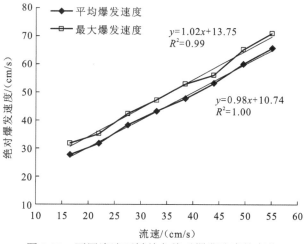

图 2.28　不同流速下鲢幼鱼绝对爆发速度的变化

2.3.3　折返行为

鱼类在上溯过程中经常发生折返行为，折返行为延长了鱼类的上溯时间，降低了鱼类的上溯效率和成功率，对折返行为的研究有利于进一步改善鱼道设计。以短须裂腹鱼为例，短须裂腹鱼的折返行为大部分表现为寻找合适的上溯路径。高能量消耗和生理压力可能是短须裂腹鱼发生折返行为的内在原因，短须裂腹鱼在两种特征流场下进行上溯时均存在节省能耗上溯的策略，其通过折返行为，不断搜寻能耗较低的上溯路径进行上溯，以节省能量消耗（Hanson et al.，2008）。已有研究表明，当鱼类长时间处于高能量消耗状态时会有累积的生理负担，鱼类在自然河道中长距离上溯时存在明显的节能策略，因此在室内微流场条件下，鱼类也可能存在节省能耗上溯的行为，鱼类的折返行为可以帮助其节省上溯的能量消耗。当洄游季节来临时，由于原有洄游路线的流域环境发生改变，部分鱼类迷失了洄游方向去往其他支流产卵，而选择原先洄游路线上溯的鱼类则发生了各种类型的折返行为（Richins and Skalski，2018；Boggs，2004；Pascual et al.，1995），图 2.29 显示了不同类型的折返行为，其中包括：①鱼类在大坝中为其设置的洄游通道内发生折返行为，最终上溯失败折返回到栖息支流；②鱼类上溯通过大坝，但在继续上溯时又遇到数座大坝，直接折返回到栖息支流；③鱼类一直上溯寻找产卵地，但由于原始产卵场发生改变，其一直上溯通过最上游大坝后，折返回到栖息支流。鱼类发生折返行为后，部分鱼类会重新上溯再次尝试寻找产卵地，但也有部分鱼类不再上溯，总之，折返行为大大降低了鱼类的上溯成功率和产卵成功率，对鱼类种群繁衍造成了巨大影响。由于鱼类折返行为类型较为多样化，其特征各不相同，因此对其原因的解释视特定情况可能有所不同。目前，对鱼类折返行为较多的解释为迷失方向、搜寻合适的上溯路径或上溯超过了产卵出生地而折返。如在仿自然鱼道中鳟折返搜寻河道边缘的低流速区域上溯。鱼类折返行为可能还受到温度、水流浊度、鱼类自身生理条件（体长，身体状况等）等的影响，需要补足相关试验研究。鱼类在实际鱼道或仿自然鱼道中，其折返行为特征可能有所不同，折返行为的发生原因更为复杂。

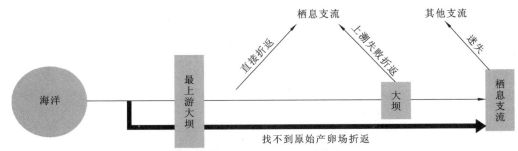

图 2.29　鱼类折返的三种类型

本小节以异齿裂腹鱼（*Schizothorax o-connori*）的折返行为为研究案例，通过将流速场、紊动能场、应变率场与鱼类上溯及折返轨迹相叠加，分析各水力学因子对折返行为及重新上溯的影响，并结合鱼类上溯过程中的能量消耗率进一步探讨折返行为的内在原因。在试验水槽中架设红外网络摄像机记录鱼的折返行为（图 2.30）。

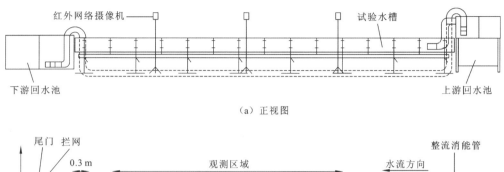

（a）正视图

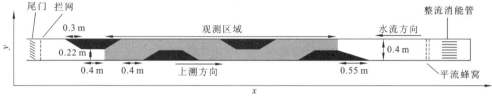

（b）俯视图

图 2.30　试验水槽装置示意图

折返试验结果表明（图 2.31～图 2.35）：鱼类在上溯过程中普遍存在折返行为，其折返行为大多是为了搜寻合适的上溯路径。鱼道流速是引发折返行为的主导因素，鱼类折返行为集中发生在高流速区域，鱼类折返后倾向于选取低流速区域重新上溯，紊动能在折返运动导向方面有显著贡献，鱼类趋向于从低紊动能区域折返，并选择较高紊动能区域重新上溯，水流应变率对鱼类折返行为的影响相对较小。鱼类上溯轨迹点处的水力因子与能量消耗率相关性分析表明，高能量消耗和生理压力是引发折返行为的内在原因（图 2.36）。

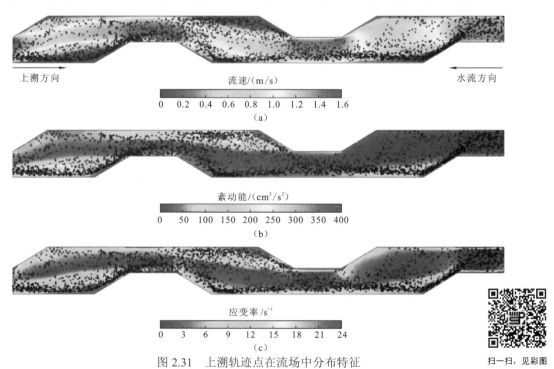

图 2.31　上溯轨迹点在流场中分布特征

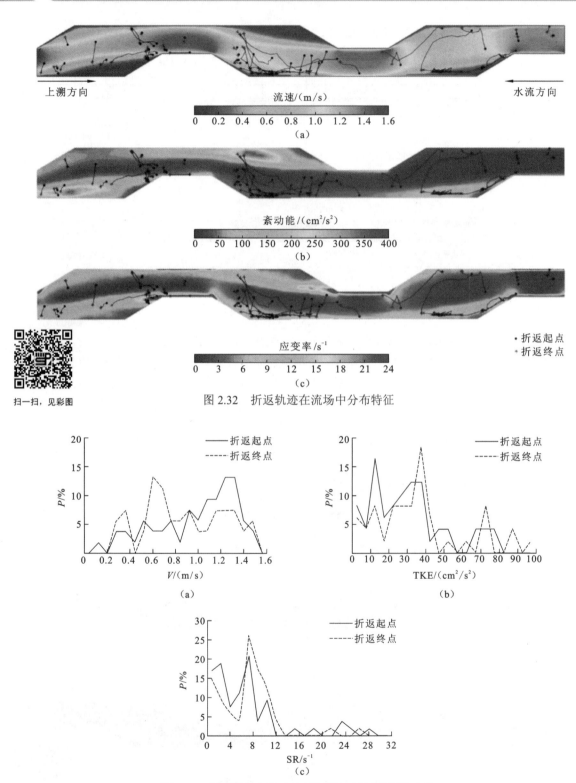

上溯方向　　　　　　　　　　　　　　　　　　　　　　水流方向

流速/(m/s)

0　0.2　0.4　0.6　0.8　1.0　1.2　1.4　1.6

（a）

紊动能/(cm²/s²)

0　50　100　150　200　250　300　350　400

（b）

应变率/s⁻¹

0　3　6　9　12　15　18　21　24

（c）

· 折返起点
· 折返终点

扫一扫，见彩图

图 2.32　折返轨迹在流场中分布特征

（a）

（b）

（c）

图 2.33　折返起点和终点在不同水力因子范围的占比

图中，P 表示占比百分数，V、TKE、SR 分别表示流速、紊动能和应变率

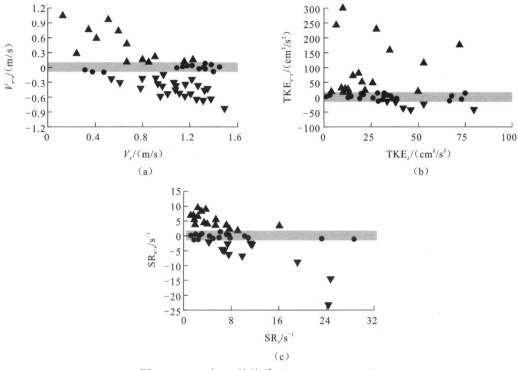

图 2.34 X_{e-s} 与 X_s 的关系 ($X=V$, TKE, SR)

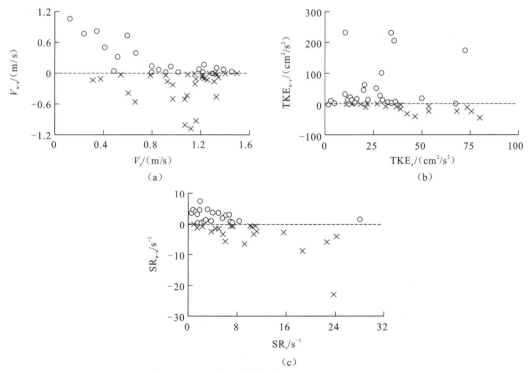

图 2.35 X_{n-s} 与 X_s 的关系 ($X=V$, TKE, SR)

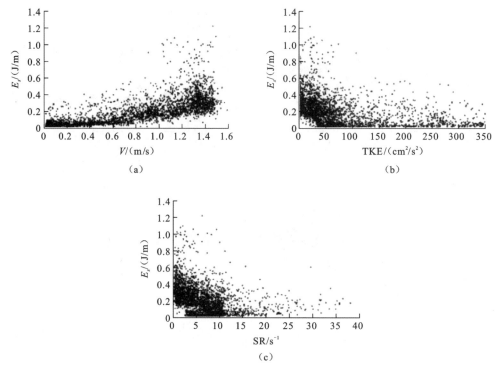

图 2.36　上溯轨迹点处能耗率与水力因子的关系

2.3.4　顶流行为

鱼类的顶流行为是过鱼设施水力学设计的关键问题之一，获取鱼类在顶流游泳过程中的运动学参数将有助于研究目标鱼类的生理特性、游泳能力及其与水力环境因子的响应关系。鱼类有 4 种顶流游泳方式，分别是：顶流前进、顶流静止、顶流后退和顺流而下（Anwar et al.，2016；Webb and Cotel，2011；Smith et al.，2005）。其中研究其顶流前进和顶流静止状态更具有实际意义。4 种行为特征的产生与鱼自身的游泳能力息息相关（李丹 等，2008）。当流速达到鱼类能克服的流速范围内，鱼会表现出顶流现象（趋流性）；当流速逐渐增大至鱼偏好流速范围内，鱼会表现出顶流前进；当流速增大到鱼的临界游泳速度时，鱼会表现出顶流静止；当流速大于刺激鱼趋流所需要的流速时，鱼会贴底游动以保持身体稳定直到被水流冲向下游，这种游泳行为属于顶流后退；当流速大于鱼的突进游泳速度时，鱼会表现出顺流而下。其中顶流静止和顶流前进行为是评估鱼类是否成功克流的关键。

本小节以鲢的顶流行为为研究案例，对鲢在顶流静止和顶流前进行为中的水流速度（U）、摆尾频率（f）、相对摆尾振幅（A）、绝对游泳速度（V）和游泳加速度（a）之间关系进行了相关性分析，为过鱼设施的设计提供了游泳动力学参数。试验使用的是长×宽×高为 111 cm×22 cm×22 cm 的封闭水槽（图 2.37），试验鱼选用体长（BL）为

（10.64±0.48）cm 的鲢幼鱼。采用流速递增量法，使用高速摄像机，记录每条鱼顶流静止和顶流前进的游泳状态并进行分析。

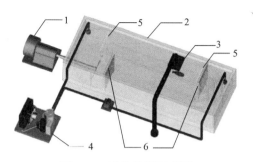

图 2.37　试验装置示意图

1.电动机；2.水槽；3.高速摄像机；4.水温控制器；5.金属网；6.整流栅

顶流试验结果表明，鲢在顶流静止状态下，摆尾频率（f）与水流速度（U）呈现正相关性（图 2.38）；相对摆尾振幅（A）为（0.087 6±0.009 8）BL，但与摆尾频率（f）之间没有明显的相关性（图 2.39）；鲢在顶流前进状态下，不同水流速度（U）中摆尾频率（f）都要大于顶流静止状态下的摆尾频率（图 2.40），相对摆尾振幅（A）反而相差不大（图 2.41）；摆尾频率（f）与绝对游泳速度（V）之间有显著的正相关性（图 2.42），但摆尾频率（f）与相对摆尾振幅（A）之间却没有明显的相关性（图 2.43）；鲢在顶流前进的过程中，游泳加速度（a）会随着时间的变化而变化，大多数的游泳加速度为 $0.02g < a \leqslant 0.06g$（$g$ 为重力加速度，取 9.8 m/s²）（55.84%）（图 2.44）。本研究主要在水槽中进行，流场环境比较单一，自然的流场环境相对复杂，复杂流场条件下鱼类行为与流场中水力因子之间的关系还需进一步研究。

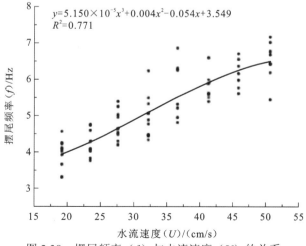

图 2.38　摆尾频率（f）与水流速度（U）的关系

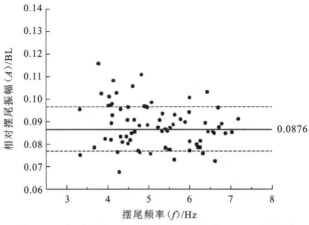

图 2.39 摆尾频率（f）与相对摆尾振幅（A）的关系

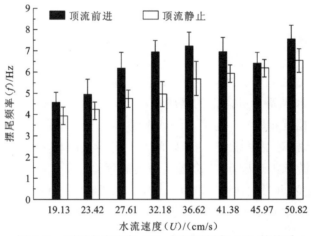

图 2.40 不同水流速度（U）与摆尾频率（f）的关系

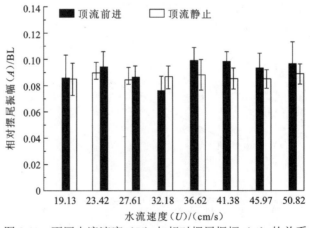

图 2.41 不同水流速度（U）与相对摆尾振幅（A）的关系

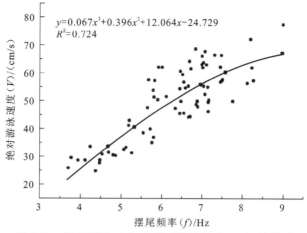

图 2.42　摆尾频率（f）与绝对游泳速度（V）的关系

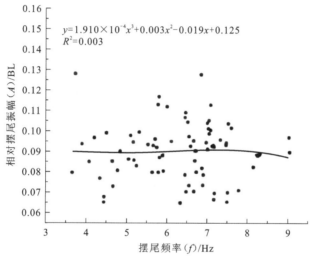

图 2.43　摆尾频率（f）与相对摆尾振幅（A）的关系

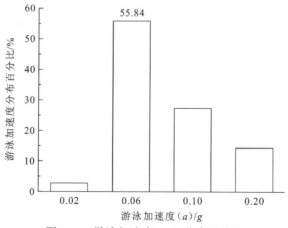

图 2.44　游泳加速度（a）分布百分比

2.3.5 转弯行为

鱼类游动的姿态有很多种，其中转弯行为在鱼类游动中扮演着最重要的角色，有些鱼类一生中很大一部分的时间在进行转弯游动。转弯行为可根据转弯角速度大小简单分为快速转弯和常规转弯（角速度>1 ms^{-1} 为快速转弯，角速度<1 ms^{-1} 为常规转弯）。（Domenicip and Batty，1997）绝大部分时间鱼类都在进行常规转弯行为，常规转弯行为的动力学特征普适性较强，能为仿生机器鱼和水下航行器的设计带来更大的参考价值，本小节将常规转弯作为主要研究方向。常规转弯是具有慢速或中速特点、自发且不剧烈的机动游泳状态，常规转弯可分为单摆尾转弯和巡游转弯，单摆尾转弯是鱼类自由游动转弯时最常用的方式。

本小节以草鱼幼鱼的转弯行为为研究案例，利用粒子图像测速法（particle image velocimetry，PIV）对转弯过程中"C"形弯曲阶段和回摆阶段幼鱼鱼体周身的压力分布，以及分别对流体正、负压形成的推、阻力和侧向力变化规律进行分析。试验在静水条件下进行，采用透明的有机玻璃水槽，水槽的长×宽×高（34.5 cm×20 cm×10 cm），如图 2.45 所示。使用高速摄像机记录草鱼幼鱼在激光平面中的无干扰常规转弯行为。

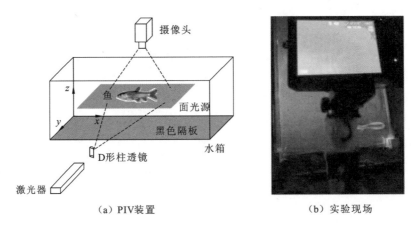

（a）PIV装置　　　　　　　　　　（b）实验现场

图 2.45　试验装置及试验现场

转弯试验结果表明：草鱼幼鱼在整个转弯过程中平均能产生 118.05 μN 的推力，其中 53.99%来源于尾部，鱼体受到的平均阻力达到 99.16 μN，鱼体中部产生的阻力占比高达 54.70%（图 2.46、图 2.47）。在"C"形弯曲阶段，草鱼幼鱼周身分布的流体负压产生的推力占比达 61.56%（图 2.48），是主要的推力形成来源，此时侧向力增大为草鱼幼鱼鱼体转弯提供必要的向心力以完成大部分的转弯动作，草鱼幼鱼做加速运动；在回摆阶段，草鱼幼鱼周身流体正压产生的推力占比高达 73.80%（图 2.48），此时侧向力迅速减小为 0，然后上升以阻止鱼体的继续转动，草鱼幼鱼做减速运动。

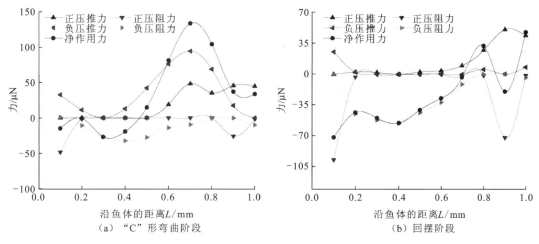

图 2.46　不同阶段推力、阻力沿体长的分布

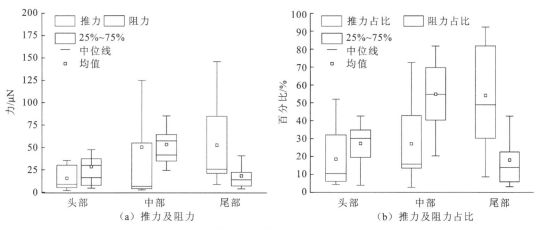

图 2.47　鱼体各部位推力、阻力大小及比例

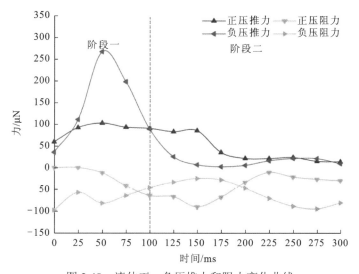

图 2.48　流体正、负压推力和阻力变化曲线

2.3.6 卡门步态行为

鱼类已经经过长时间的进化，拥有很强的水下运动能力。即使在面对复杂的涡流环境时，也能调整身体姿态来保证平衡，具备利用周围环境中的湍流减少自身能耗的能力，其中一种姿态称为卡门步态。例如，虹鳟在障碍物后方会形成独特的运动模式来维持稳定（Liao et al.，2003），这种姿势相较于自由来流，会展现较大的摆尾幅度和较低的摆尾频率（Liao，2004）。卡门步态是鱼类在圆柱绕流形成的卡门涡街中的游泳行为，此时其摆动频率与涡街脱涡频率一致，鱼类可以调整其游泳运动行为以从圆柱体脱落的涡流中捕获能量，并且鱼体摆动振幅和身体曲率都比在自由来流中大。卡门步态的能力主要取决于遇到合适强度和大小的可预测涡流，这些涡流由流速和圆柱体直径决定。鱼在卡门涡街中会展现不同于自由来流的游泳行为表现。与自由来流相比，有障碍物的水流条件明显更为复杂。当水流经过单个障碍物的雷诺数在 300～15 000 时，通常会形成卡门涡街（Pankanin et al.，2007）。卡门涡街是流体力学中的概念，是自然界中经常可以遇到的一种现象，在一定条件下的定常来流绕过某些障碍物时，物体两侧会周期性地脱落出旋转方向相反、排列规则的双列线涡，经过非线性作用后，就会形成卡门涡街，如水流过石墩，风吹过高塔、烟囱等都会形成卡门涡街。

本小节以鲢的卡门步态行为为研究案例，探讨不同尺寸的 D 形圆柱体在不同流速下会产生不同的湍流条件（涡流大小和方向），从而以不同的方式影响鱼类的游泳行为。在不同大小的 D 形圆柱体附近游动的鱼可能会采取特定的行为，如卡门步态，以增加它们的持续游泳能力或在流动中保持位置的能力。这些试验条件是鱼类在洄游过程中可能遇到的典型条件，试验提供了一个了解鱼类对不同湍流条件的行为反应的机会。试验装置如图 2.49 所示。

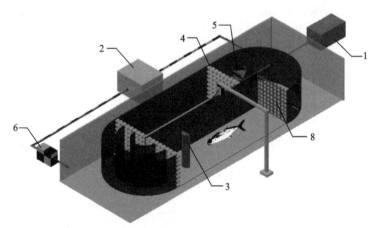

图 2.49　试验装置

1. 电机；2. 冷凝器；3. D 形圆柱体；4. 蜂窝状；5. 螺旋桨；6. 自吸泵；7. 摄像头；8. 金属网

卡门步态试验结果表明：与自由流条件下的鱼相比，在直径 50 mm 的 D 形圆柱体中，在流速为 50 cm/s 时，首流尾流中的鱼保持位置的摆尾频率和摆尾幅度降低（图 2.50）。

它们的摆尾频率降低，但摆尾幅度保持不变（图 2.50）。鲢鱼在 D 形圆柱体下游的涡街中，摆尾频率较低，摆尾幅度最高（图 2.50）。试验发现，鲢鱼的摆尾频率与预期的涡流脱落频率（4.04 Hz）基本一致（图 2.50）。

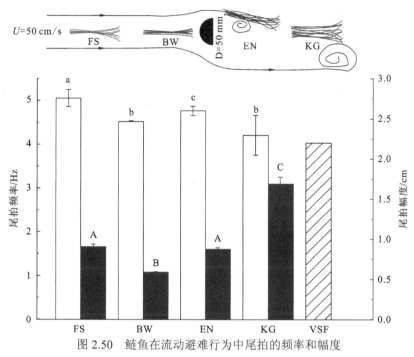

图 2.50　鲢鱼在流动避难行为中尾拍的频率和幅度

FS，鱼类在自由流条件下保持位置；BW，鱼在艕尾流中保持位置；EN，鱼在圆柱附近缠绕，身体与尾流成一定角度；

KG，鱼卡门步态下；VSF，旋涡脱落频率

在这些区域中，鱼类主要表现出卡门步态。较小的鱼的卡门步态位置大约在直径 3.2 cm D 形圆柱体中心下游 36～40 cm 处，在那里观察到最高的 PTD（鱼在网格中的时间分布百分比）（图 2.51）。同样，较大的鱼选择在距直径为 3.2 cm D 形圆柱体中心下游 28～32 cm 处（图 2.51）和距直径为 5.0 cm D 形圆柱体中心下游 32～36 cm 处度过它们的大部分时间。

2.3.7　跳跃行为

鱼类在上溯的过程中会遇到很多人为或自然障碍，能否成功通过直接取决于其跳跃能力和游泳能力。相比游泳能力，学者对鱼的跳跃能力关注较少，因此量化鱼类跳跃行为对于水电开发、水利工程闸坝引水和生态过鱼需求发展至关重要。从人型海洋哺乳动物到小型的鱼类都有与之相适应的水上跳跃策略。鱼的跳跃是一种独特的运动形式，跳跃可以让生物快速移动。有研究表明，生物突出水面的跳跃可分为三类：突发型跳跃（生物静止在自由液面附近发生突破自由液面的行为）、动量型跳跃（生物以一定速度接近自由液面发生突破自由液面的行为）和混合型跳跃（包括突发型跳跃和动量型跳跃）。

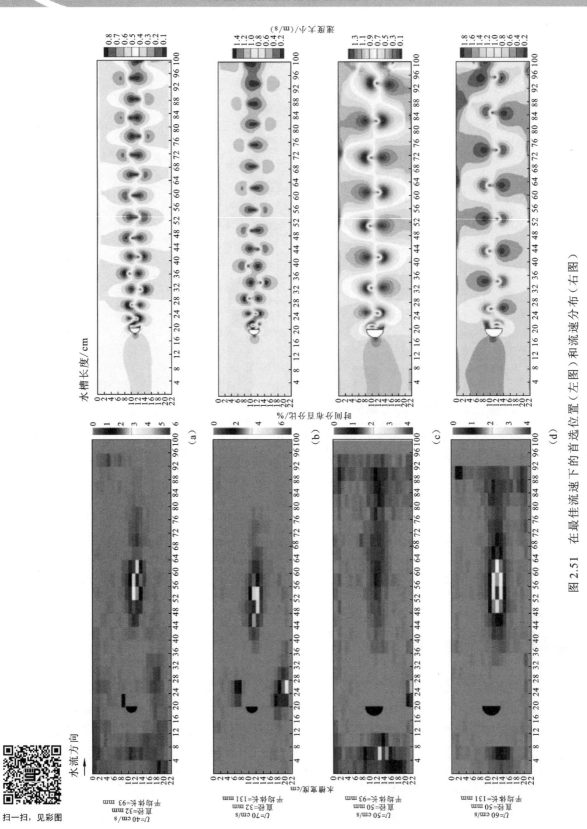

图 2.51　在最佳流速下的首选位置（左图）和流速分布（右图）

具体来说，鱼类在跳跃策略中存在显著的多样性，跳跃是一种经常被观察到的游泳行为。在鱼类逆流上溯过程中，遇到或多或少的人为或自然障碍，其克服障碍的能力直接取决于特定物种的游泳能力和跳跃能力。在底流循环中，鱼类进行横向、纵向与垂向运动。在铅垂方向上鱼为什么会跳跃？该问题一直吸引着很多专家并提出了很多假说。但针对这种行为触发因素的研究仍还不够系统全面。Gudger（1944）提及鱼类跳跃的原因有很多：躲避捕食者、穿越瀑布和戏水等。Fields 和 Somero（1997）发现水生动物跳跃是受捕食者威胁的典型反应。Schuster 等（2006）发现易跳跃的射水鱼（*Toxotes jaculatrix*）会随着猎物与其之间距离的增加来喷射大量的水，从而避免在较弱的猎物身上花费不必要的能量。另外，成年红鲑（*Oncorhynchus nerka*）在上溯洄游产卵时以跳跃的方式越过障碍物，但是没有人解释为什么红鲑幼鱼经常在海洋生境中的跳跃行为（Lauritzen et al.，2010）。Morán-López 和 Tolosa（2018）利用航空观测来获得鱼类在混浊河段游泳的精准空间信息，发现较小的鱼类个体更频繁地以跳跃方式靠近堰的边缘。Tarrade 等（2008）指出许多海洋哺乳动物通过跳跃来提高游泳速度。Soares 和 Bierman（2013）提及孔雀鱼（*Poecilia reticulata*）在有瀑布的环境中会自发地跳跃，其跳跃行为包括使用胸鳍缓慢向后的准备阶段和向前的加速阶段，游泳类似于"C"型启动和爆发游泳；孔雀鱼跳跃的是为了进行种群扩散。Atkinson 等（2018）发现野生红鲑幼鱼被海虱感染后跳跃频率比未感染时频率更高，这支持了跳跃会驱逐寄生虫的假设，鱼类可能利用行为可塑性来平衡跳跃和寄生之间的关系。国内研究方面，Shi 等（2022）开展了鲢的跳跃行为研究，研究表明其跳跃高度为（20.53±5.26）cm，跳跃速度为（23.88±4.42）cm/s。

　　本小节以鲢幼鱼的跳跃行为为研究案例，进行试验装置下的被动跳跃能力和跨越瀑布的主动跳跃能力试验，研究的目的是通过探索鲢幼鱼的跳跃能力来检验鲢幼鱼能够跨越一定高度瀑布的假设，并重点探索跳跃成功与过鱼设施出水口和排水量之间的关系。试验装置如图 2.52 所示。

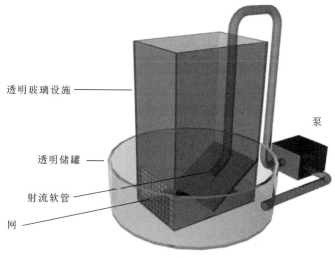

（a）鲢幼鱼在水力扰动下被动跳跃能力的试验装置

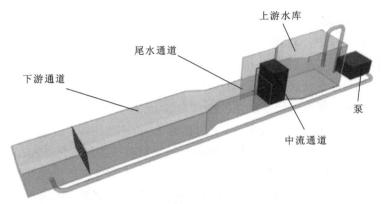

（b）鲢幼鱼跨瀑布自主跳跃能力的试验装置

图 2.52　试验装置图

跳跃试验结果表明：鲢幼鱼的跳跃高度为（20.53±5.26）cm（1.90±0.48 TL），相对跳跃高度为（10.85±1.11）cm（表 2.1），最大出水速度为 0.36 m/s（3.68 TL/s）。从最大出水速度（假设所有速度均为垂直方向）计算出的理论最大跳跃高度为 65.01 cm（6.70 TL）。落点高度对跳跃次数有显著影响，随着落差高度和流量的增加，跳跃次数显著减少。

表 2.1　鲢幼鱼的跳跃能力

鱼道长度 /cm	跳跃高度 /cm	相对跳跃高度 /TL	跳跃距离 /cm	垂直速度 /（cm/s）	水平速度 /（cm/s）	跳跃速度 /（cm/s）	相对跳跃速度 /（TL/s）
10.85±1.11	20.53±5.26	1.90±0.48	21.48±16.08	19.88±2.71	10.83±8.42	23.88±4.42	2.22±0.47

2.3.8　吸附行为

吸附行为也是鱼类一种重要的行为。例如，长尾鮡（*Pareuchiloglanis*）因其头部背面有一个宛如印章的椭圆形吸盘而得名，常以吸盘吸附船底或随其他大鱼远游和索食（图 2.53），是鮡科鱼类抵抗高速水流冲击的一种行为特征。

图 2.53　长尾鮡吸附在岩石上

第3章 鱼类游泳能力研究

3.1 引　言

鱼类游泳能力直接影响到鱼的索饵、越冬、洄游、聚集、躲避敌害等基本生命活动，是鱼类赖以生存的基本保证（Shi et al., 2022；周仕杰 等，1993）。鱼道是保护或修复河流生态环境的重要工程措施之一，鱼道的有效运行是缓解大坝阻隔，恢复河流连通性的重要手段（蔡露 等，2013）。目前鱼道作为主要过鱼设施之一，其设计和修建需要考虑鱼类游泳能力这一重要因素（Dockery et al., 2017）。鱼道形式选择、鱼道上下游进出口位置、鱼道休息池设计、鱼道运行方式都要根据过鱼对象的游泳能力决定（Peake and Farrell, 2004）。大量实践证明在进行鱼道设计时，缺乏鱼类游泳能力研究的鱼道往往效果不佳（于晓明 等，2017）。而我国在鱼道建设方面起步较晚，尽管目前有不少学者已经展开鱼类游泳能力的相关研究，但鱼类游泳能力资料仍然相对匮乏（Peake and Farrell, 2004），在鱼道设计时主要是借鉴国外鱼类游泳能力经验公式进行推算，设计流速往往不适合国内鱼类上溯需求，鱼道的实际过鱼效果并不理想。

尽管我国自20世纪90年代初就有鱼类游泳能力的研究，但我国鱼种繁多，大多数鱼类生活流域不同，生活水系具有显著差异，不同鱼种之间的游泳性能和鱼种大小不同，游泳能力可能也存在差异，因此，仍需大量开展不同鱼种游泳能力测试，以填补我国鱼类游泳能力资料的空白。

当前游泳能力指标测试主要集中在封闭水槽中进行，封闭水槽由于能够精确控制试验条件，实现单因子（温度、盐度、溶解氧等）影响因素研究，在相对较短的时间内可以重复处理、多次试验，其技术成熟、便于运输、操作简单逐渐被广大研究者所接受，但封闭水槽测试区域相对较小，限制了鱼类的自由游泳行为，尤其限制了鱼类在高流速下的爆发-滑行行为，造成鱼类游泳能力测试指标偏小，并且测试内容主要是鱼类的临界游泳速度或突进游泳速度，而对于其他游泳指标，如感应流速、持续游泳速度与耐久游泳速度测试较少，缺乏系统性，在封闭水槽中进行鱼类游泳能力测试时，水槽内的溶解氧含量会随试验时间的增加而逐渐减小，从而对鱼类游泳能力造成影响。因此，封闭水槽测试结果的准确性受到学者的质疑，目前有研究人员认为封闭水槽测试结果低估了鱼类的游泳能力（Peake and Farrell, 2004）。研究发现鱼在24 m长的水槽中进行游泳能力测试比在短水槽中可以达到更大的游泳速度。与封闭水槽相比，开放水槽测试可以得到更加真实的鱼类游泳能力数据，但因其操作复杂、装置运输困难等，该测试方法应用的广泛性受到限制。因此，如何将封闭水槽测试的经典指标与开放水槽测试结果进行关联一直是广大学者们探讨的重点。

鉴于此，本章总结关于鱼类游泳能力试验的测试方法，包括：封闭水槽下感应流速、临界游泳速度、突进游泳速度、持续游泳速度和游泳耐力及开放明渠水槽均匀流下自主爆发游泳能力，并根据所得数据来建立鱼类游泳能力模型（如最大游泳距离和鱼道允许的最大水流速度等）。旨在为鱼道设计提供参考依据。

3.2　封闭水槽内的鱼类游泳能力研究

游泳能力测试所用的封闭水槽如图 3.1 所示。装置中设有环形循环水槽，用于游泳能力测试以及耗氧指标的测定，测试过程中环形水槽可在封闭状态下与外部矩形水槽进行水体交换，当工作区溶解氧不足时，通过潜水泵将环形循环水槽内的水与矩形水槽中的水进行交换，保证工作区中溶解氧的浓度。矩形水槽还可通过恒温器控制水温以保证试验水温与暂养水温一致。

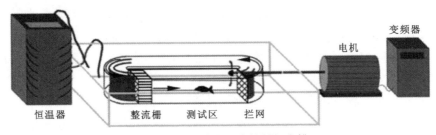

图 3.1　测试游泳能力的封闭水槽

3.2.1　感应流速

感应流速指水体从静止到流动时，鱼类开始反应并趋流前进的水流速度。感应流速的测定采用流速递增量法。首先将试验鱼放置于游泳能力测试水槽的游泳区中，在静水下适应 1 h，鱼在静水中基本不游动，且头朝向来流的方向。适应结束后，每隔 5 s 逐步增大流速，当试验鱼随着流速增加，出现游泳姿态摆正至头部朝向来水方并均匀摆尾的行为时，即认定该流速为试验鱼的感应流速。

为了消除个体差异的影响，采用试验鱼的感应流速平均值作为试验鱼的感应流速。本次试验选择大渡软刺裸裂尻鱼（*Schizopygopsis malacanthus*）、长丝裂腹鱼（*Schizothorax dolichonema*）、齐口裂腹鱼（*Schizothorax prenanti*）、厚唇裂腹鱼（*Schizothorax labrosus*）和短须裂腹鱼（*Schizothorax wangchiachii*）作为试验对象。

基于流速递增量法测定的部分鱼类绝对感应流速及相对感应流速与体长关系如图 3.2～图 3.5 所示。

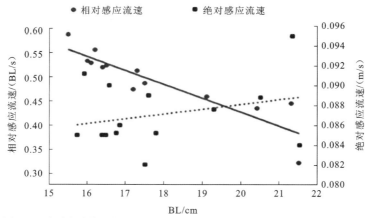

图 3.2　大渡软刺裸裂尻鱼绝对感应流速及相对感应流速与体长的关系

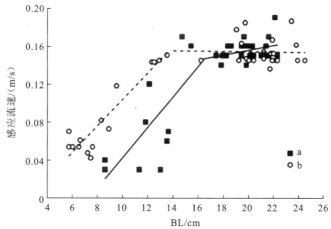

图 3.3　长丝裂腹鱼和齐口裂腹鱼的感应流速与体长的关系

a. 长丝裂腹鱼；b. 齐口裂腹鱼

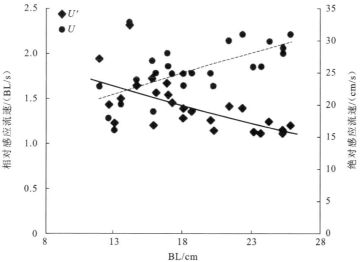

图 3.4　厚唇裂腹鱼绝对感应流速及相对感应流速与体长的关系

U' 为相对感应流速；U 为绝对感应流速

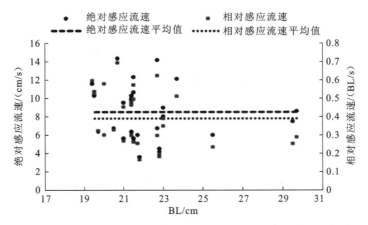

图 3.5   短须裂腹鱼绝对感应流速及相对感应流速与体长的关系

3.2.2   临界游泳速度

临界游泳速度是指鱼在一定的时间间隔和流速增长规律下，所能达到的最大游泳速度。临界游泳速度采用流速递增量法进行测试，即每隔一定的时间增加一定的流速，通常情况下，时间间隔为 20 min，速度增量为 1 BL/s（BL：体长；体长 15 cm 以下的试验鱼速度增量为 1 BL/s，体长大于 15 cm 的试验鱼速度增量为 0.5 BL/s）。为了消除转运过程对试验鱼产生的影响，试验开始前，先将试验鱼放置在流速为 1 BL/s 的试验水槽中适应 1~2 h，适应结束后，采用流速递增量法进行测试，直至试验鱼疲劳。试验鱼疲劳的判定：试验鱼停靠在下游拦鱼网上时，轻拍下游壁面 20 s，鱼仍不重新游动，视为疲劳。

当流速较低时，试验鱼反复出现拒绝上溯的行为则认定试验失败，应该更换试验鱼。

绝对临界游泳速度（U_{crit}，cm/s）的计算公式为

$$U_{crit} = U_{max} + \frac{t}{\Delta t}\Delta U \tag{3.1}$$

式中：U_{max} 为试验鱼能够完成持续游泳时间的最大游泳速度；Δt 为改变流速的时间间隔；t 为在最高流速下的试验鱼游泳时间（min）；ΔU 为水流速度的增量。

相对临界游泳速度（U'_{crit}，BL/s）的计算公式为

$$U'_{crit} = \frac{U_{crit}}{BL} \tag{3.2}$$

式中：U'_{crit} 为相对临界游泳速度（BL/s）；BL 为试验鱼的体长（cm）。

为了消除个体差异的影响，采用试验鱼的临界游泳速度平均值作为试验鱼的临界游泳速度。本次试验选择大渡软刺裸裂尻鱼、长丝裂腹鱼和齐口裂腹鱼作为试验对象。

基于流速递增量法测定的部分鱼类绝对临界游泳速度及相对临界游泳速度与体长关系如图 3.6~图 3.9 所示。

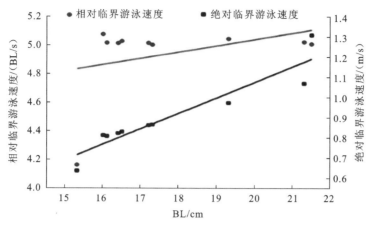

图 3.6　大渡软刺裸裂尻鱼绝对临界游泳速度及相对临界游泳速度与体长的关系

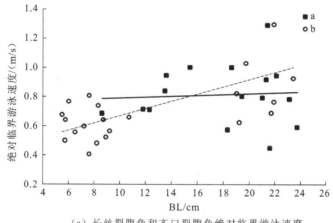

（a）长丝裂腹鱼和齐口裂腹鱼绝对临界游泳速度

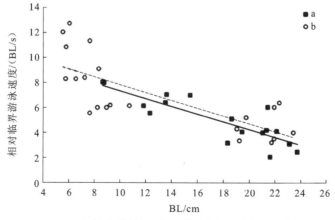

（b）长丝裂腹鱼和齐口裂腹鱼相对临界游泳速度

图 3.7　长丝裂腹鱼和齐口裂腹鱼绝对临界游泳速度及相对临界游泳速度与体长的关系

a. 长丝裂腹鱼；b. 齐口裂腹鱼

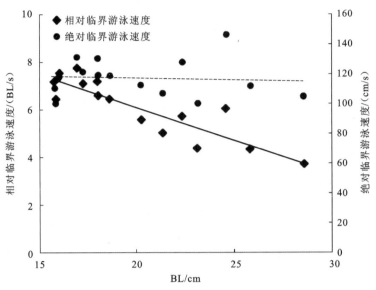

图 3.8　厚唇裂腹鱼绝对临界游泳速度及相对临界游泳速度与体长的关系

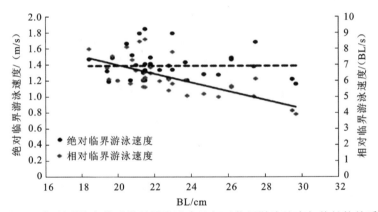

图 3.9　短须裂腹鱼绝对临界游泳速度及相对临界游泳速度与体长的关系

3.2.3　突进游泳速度

　　突进游泳速度与临界游泳速度的测试方法和计算公式基本一致，采用流速递增量法进行测试，即每隔一定的时间增加一定的流速，通常情况下，时间间隔为 20 s，速度增量为 1 BL/s（BL：体长；体长 15 cm 以下的试验鱼速度增量为 1 BL/s，体长大于 15 cm 的试验鱼速度增量为 0.5 BL/s），为了消除在转运过程中对试验鱼产生的影响，试验开始前，先将试验鱼放置在适应流速为 0.5～1 BL/s 的试验水槽中适应，缓解试验鱼的应激反应，适应时间为 1～2 h。适应结束后，采用流速递增量法进行测试，直至试验鱼疲劳，试验鱼达到疲劳状态所对应的水流速度即为该试验鱼的突进游泳速度。

试验鱼疲劳的判定：当试验鱼停靠在下游拦鱼网上时，轻拍下游壁面 20 s，鱼仍不重新游动，视为疲劳。

当流速较低时，试验鱼出现拒绝上溯的行为则认定试验失败，应更换试验鱼。

绝对突进游泳速度（U_{burst}，m/s）的计算公式为

$$U_{burst} = U_{max} + \frac{t}{\Delta t} \Delta U \tag{3.3}$$

式中：U_{max} 为试验鱼能够完成持续游泳时间的最大游泳速度；Δt 为改变流速的时间间隔；t 为在最高流速下游泳的时间（min）；ΔU 为速度增量。

相对突进游泳速度（U'_{burst}，BL/s）的计算公式为

$$U'_{burst} = \frac{U_{burst}}{BL} \tag{3.4}$$

式中：U'_{burst} 为相对突进游泳速度（BL/s）；BL 为试验鱼的体长（cm）。

为了消除个体差异的影响，采用试验鱼的突进游泳速度平均值作为试验鱼的突进游泳速度。

在封闭水槽中测定突进游泳速度时，不宜用固定流速法测定突进游泳速度，突进游泳速度的测试需将试验鱼置于低流速下适应，后在高流速下进行测试。封闭水槽中流速由低到高的变化需要一定时间，而突进游泳速度的持续时长往往小于 20 s，因此存在水槽中的流速还未达到设定流速，试验鱼已经疲劳贴网的可能性；或者试验鱼在调试流速的过程中已经消耗大量的能量，在设定流速下只能持续游泳较短时间，因此固定流速法测试突进游泳速度会造成较大误差。

基于流速递增量法测定的部分鱼类绝对突进游泳速度及相对突进游泳速度与体长关系如图 3.10 和图 3.11 所示。本次试验选择大渡软刺裸裂尻鱼、长丝裂腹鱼和齐口裂腹鱼作为试验对象。

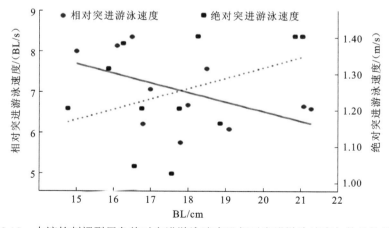

图 3.10 　 大渡软刺裸裂尻鱼绝对突进游泳速度及相对突进游泳速度与体长的关系

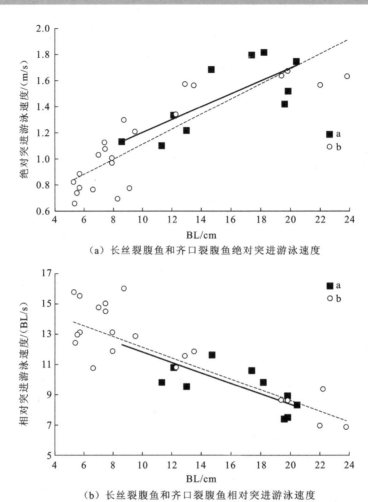

（a）长丝裂腹鱼和齐口裂腹鱼绝对突进游泳速度

（b）长丝裂腹鱼和齐口裂腹鱼相对突进游泳速度

图 3.11　长丝裂腹鱼和齐口裂腹鱼绝对突进游泳速度及相对突进游泳速度与体长的关系

a.长丝裂腹鱼；b.齐口裂腹鱼

3.2.4　持续游泳速度

　　持续游泳速度是指试验鱼持续游泳时间超过 200 min 的速度值。采用固定流速法进行测试，为了消除在转运过程中对试验鱼产生的影响，试验开始前，先将试验鱼放置在适应流速为 1 BL/s 的试验水槽中适应，缓解试验鱼的应激反应，适应时间为 1 h。适应结束后，在 1 min 内将水流速度调至设定流速，设定流速的初始值通常采用试验鱼的平均临界游泳速度，后开始记录设定流速下试验鱼的游泳时间，当某设定流速下的游泳时间超过 200 min 时停止试验。每种流速下重复测试 5～10 尾试验鱼。根据试验结果，在该速度的基础上调整下一组试验鱼的设定流速，流速改变值为 0.1～0.2 m/s。当某一流速下有 50%的试验鱼持续游泳时间不小于 200 min 时，则此流速称为持续游泳速度。

为了消除个体差异的影响，采用试验鱼的持续游泳速度平均值作为试验鱼的持续游泳速度。本次试验选择长丝裂腹鱼、厚唇裂腹鱼、马口鱼（*Opsariichthys bidens*）和短须裂腹鱼作为试验对象。

基于固定流速法测定的部分鱼类游泳速度与持续时间的关系如图 3.12～图 3.15 所示。

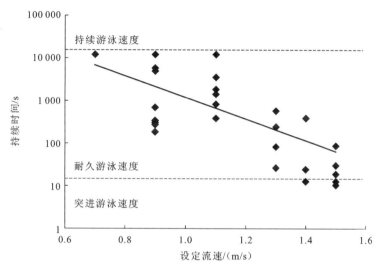

图 3.12　固定流速下长丝裂腹鱼的持续游泳时间

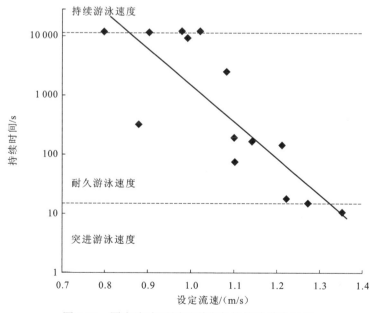

图 3.13　固定流速下厚唇裂腹鱼的持续游泳时间

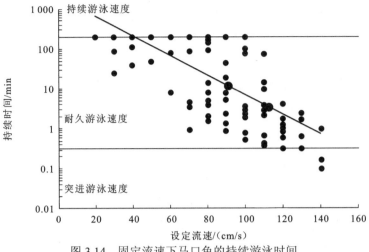

图 3.14 固定流速下马口鱼的持续游泳时间

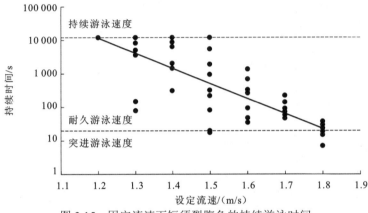

图 3.15 固定流速下短须裂腹鱼的持续游泳时间

3.2.5 耐久游泳速度

采用流速递增量法进行耐久游泳速度测试。测试前将试验鱼及时转移至测试水槽进行环境适应,适应流速为 1 BL/s,适应时间 1 h。为节约测试时间,适应结束后,在 1 min 内将水流速度调至设定流速,初始设定流速宜为试验鱼的平均临界游泳速度。测试时,以 0.1 m/s 进行流速递增,递增时间间隔为 200 min。当试验鱼疲劳贴网或者持续游泳时间超过 200 min 时,应记录该流速以及在该流速下的持续游泳时间,并停止测试。在设定流速下持续游泳时间介于 20 s～200 min 则为耐久游泳速度。

3.2.6 鱼道允许的最大水流速度

根据耐久游泳速度试验的结果,假定试验鱼通过鱼道的长度为 d,则可由式(3.5)计算出目标鱼能通过鱼道时所允许最大鱼道内平均水流速度:

$$V_f = V_s - (d \times E_{V_s}^{-1}) \tag{3.5}$$

式中：V_f 为通过鱼道所允许的平均水流速度（cm/s）；V_s 为最小尺寸目标鱼类的游泳速度（cm/s）；d 为鱼道长度（cm）；E_{V_s} 为鱼在 V_s 下的游泳耐力（s）。通过求 V_f 相对于 V_s 的一阶导数并求解零斜率，可以得出不同 d 值下的最大水流速度。

马口鱼和长丝裂腹鱼通过鱼道所允许的最大水流速度如图 3.16 和图 3.17 所示。

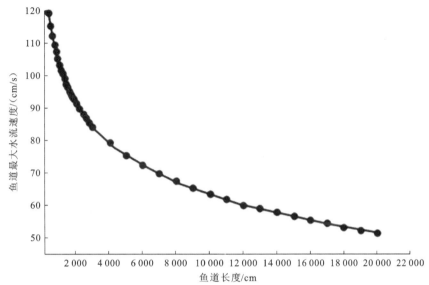

图 3.16　马口鱼通过鱼道长度与所允许最大水流速度的关系

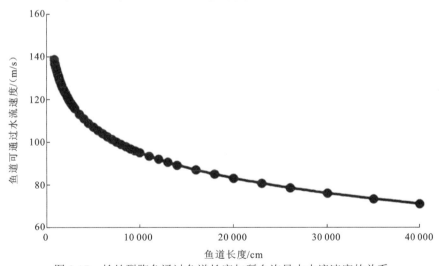

图 3.17　长丝裂腹鱼通过鱼道长度与所允许最大水流速度的关系

3.2.7　最大游泳距离

根据上述游泳耐力预测模型可构建不同鱼种的游泳距离预测模型。最大游泳距离与水流速度的关系如图 3.18 所示，游泳距离可以用鱼的游泳速度和游泳时间来预测，其表达式如下：

$$X = (U - V)t \tag{3.6}$$

式中：U 为鱼的游泳速度（m/s）；V 为水流速度（m/s）；t 为游泳时间（s）；X 为游泳距离（m）。

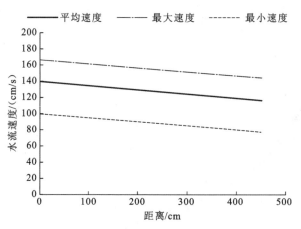

图 3.18 最大游泳距离与水流速度的关系

3.3 开放水槽内的鱼类游泳能力研究

另一类型测定游泳能力的装置为开放水槽，装置如图 3.19 所示。开放水槽也称为自主游泳能力及行为测试水槽，水槽主体由上游水池、下游水池、中间试验水槽、水循环动力系统组成。试验用水由水泵产生循环水流入试验水槽中，水流需在上游水池、水槽前端消能整流后进入槽体试验段，最后排入下游水池循环。水槽末端水位高程应与下游水池水位高程相当，下游水槽过水断面面积要显著大于水槽试验段过水断面。试验区正上方和侧面需要架设摄像机，摄像机与试验水槽水面线平行架设，以便记录鱼类整个上溯过程。Yanase 等（2007）在类似跑道的开放水槽中，测定了巴斯鲉（*Platycephalus bassensis*）的突进游泳速度。Colavecchia 等（1998）将木制水槽安放在大坝泄水道出口，水槽内接近层流流动，通过无线电遥测设备测定了水槽内流速对野生大西洋鲑的游泳速度与游泳距离的影响。

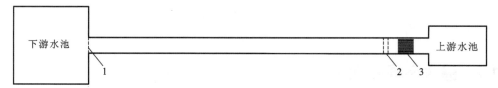

图 3.19 开放水槽测试示意图

1. 拦网；2. 平流栅；3. 整流效能管

游泳能力测试试验前，需要对水槽试验段不同过水断面的流速进行测定（断面测点间隔 5～10 cm），若断面流速具有差异性，则需要调整水槽上下水位、流量等，直至不同断面流速保持一致。若工况改变则需要再次调整各断面流速，因此流速递增量法不适用于开放水槽，开放水槽只能采用固定流速法进行鱼类游泳能力测试，即固定工况下试验水槽坡度、固定来流流量，并且要保证水槽试验段断面流速无差异，可根据目标鱼种临界游泳速度来设定流速工况。

3.3.1　突进游泳速度

在开放水槽进行鱼类突进游泳速度测试一般采用固定流速法，即试验水槽流速设定在某一值，在试验水槽各过水断面流速无显著性差异的情况下对试验水槽水深、水体水温和溶解氧等进行测定并记录。为了消除转移过程中对试验鱼产生的影响，试验开始前，先将试验鱼放置在流速为 0.5～1 BL/s 的试验水槽中适应，缓解试验鱼的应激反应，适应时间为 1～2 h。设定流速的初始值通常采用试验鱼的最大耐久游泳速度，根据试验鱼上溯距离和上溯成功率百分比值，来调整下一试验的设定流速。流速改变值为 0.5 m/s，记录游泳开始至疲劳的时间。当某一流速下有 50% 的试验鱼持续游泳时间小于 20 s，则此流速为试验鱼突进游泳速度。

为了消除个体差异的影响，采用试验鱼的突进游泳速度平均值作为试验鱼的突进游泳速度。

3.3.2　持续游泳速度

在开放水槽进行鱼类持续游泳速度测试一般采用固定流速法，为了消除在转移过程中对试验鱼产生的影响，试验开始前，先将试验鱼放置在流速为 1 BL/s 的试验水槽中适应，缓解试验鱼的应激反应，适应时间为 1 h。适应结束后，在 1 min 内将水流速度调至设定流速，设定流速的初始值通常采用试验鱼的平均临界游泳速度，记录试验鱼在设定流速下的游泳时间，当某设定流速下的游泳时间超过 200 min 时停止试验。每个流速下重复 5～10 尾。根据试验结果，在该速度的基础上调整下一组试验鱼的设定流速，流速改变值为 0.1～0.2 m/s。当某一流速下有 50% 的试验鱼持续游泳时间不小于 200 min，则此流速称为持续游泳速度。

为了消除个体差异的影响，采用试验鱼的持续游泳速度平均值作为试验鱼的持续游泳速度。

3.3.3　耐久游泳速度

在开放水槽进行鱼类持续游泳速度测试一般采用固定流速法，为了消除在转移过程中对试验鱼产生的影响，试验开始前，先将试验鱼放置在流速为 1 BL/s 的试验水槽中适应，缓解试验鱼的应激反应，适应时间为 1 h。适应结束后，在 1 min 内将水流速度调至设定流速，设定流速的初始值通常采用试验鱼的平均临界游泳速度，记录在设定流速下的游泳时间，当某设定流速下的游泳时间超过 200 min 时停止试验。在设定流速下持续游泳时间介于 20 s~200 min 则为耐久游泳速度。

本次试验选择斑重唇鱼（*Diptychus maculatus*）作为试验对象。

基于固定流速法测定的部分鱼类游泳速度与持续时间的关系，如图 3.20 所示。

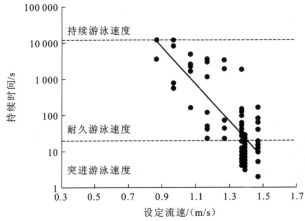

图 3.20　固定流速下斑重唇鱼的持续游泳时间

所有游泳能力测试结束后应根据试验鱼截面积对游泳能力指标进行修正。当试验鱼的截面积大于测试区截面积的 10% 时，会引起阻挡效应，若产生阻挡效应则应进行修正，修正公式为

$$U_f = U_i(1 + \varepsilon_s) \tag{3.7}$$

式中：U_f 为试验鱼所在截面修正后的水流速度；U_i 为水槽中没有放鱼时的水流速度；ε_s 为固体阻塞影响因素，ε_s 由公式计算可得

$$\varepsilon_s = \tau\lambda\left(\frac{A_O}{A_T}\right)^{\frac{3}{2}} \tag{3.8}$$

式中：τ 是取决于水槽截面形状的无量纲常数，$\tau = 0.8$；λ 为鱼形状因子，$\lambda = 0.5 \times (TL/T)$，TL 为试验鱼全长，鱼体厚度 T 可表示为体高和体宽的平均值；A_O 为鱼最大截面积，$A_O = 0.25\pi hw$；A_T 为试验水槽截面积。

试验过程中，建议使用摄像机从侧面以及顶部进行试验区域的监控，以减少人员对试验鱼的干扰，并可实时观察试验鱼的行为；试验结束后，拍照并测量试验鱼的体重、体长、叉长、全长、体高以及体宽等形态学参数。

3.3.4　鱼道允许的最大水流速度

试验水力条件通过声学多普勒点式流速仪（acoustic doppler velocimeter，ADV）进行测量。

瞬时速度与时间平均流速的差值为脉动流速，公式表示为

$$u'_k = u_k - \overline{u_k}; \quad v_k = v_k - \overline{v_k}; \quad w_k = w_k - \overline{w_k} \tag{3.9}$$

式中：u_k 为瞬时速度（cm/s）；$\overline{u_k}$ 为时间平均速度（cm/s）；u'_k 为脉动速度（cm/s）。测点速度大小表示为

$$U_{\mathrm{mag}_k} = \sqrt{\overline{u_k^2} + \overline{v_k^2} + \overline{w_k^2}} \tag{3.10}$$

竖缝平均流速 U 为竖缝处各测点流速均值：

$$U = \frac{1}{n} \sum_{k=1}^{n} U_{\mathrm{mag}_k} \tag{3.11}$$

试验鱼通过竖缝游泳速度：

$$V = U + \frac{D}{T} \tag{3.12}$$

式中：D 为竖缝长度（cm）；T 为通过竖缝所需持续游泳时间（s）。

3.3.5 最大游泳距离

鱼类游泳速度与持续游泳时长的拟合模型为

$$\ln T = a + b U_s \tag{3.13}$$

式中：T 是鱼类疲劳时的持续游泳时长（s）；U_s 是相对游泳速度（BL/s）；a 是公式截距；b 是公式斜率（$b<0$）。

基于以上游泳速度-疲劳时间关系，得到以下预测距离最大化行为的模型：

$$D_s = U_s \times \mathrm{e}^{a+bU_s} \tag{3.14}$$

式中：D_s 是指在 U_s 的游泳速度下持续游泳时长为 T 且当背景流速为 0 时所能达到的最大绝对游泳距离。

但在实际分析鱼类上溯距离时，通常是需要考虑背景流速的影响，因此，上述公式（3.14）可变换为

$$D_g = U_g \times \mathrm{e}^{a+bU_s} \tag{3.15}$$

式中：D_g 是指在对地游泳速度为 U_g 下持续游泳时长为 T 时所能达到的最大对地游泳距离。

对地游泳速度可表示为

$$U_g = U_s - U_f \tag{3.16}$$

式中：U_s 表示鱼类的绝对游泳速度，U_f 表示鱼类在游泳时的背景水流速度。将公式（3.15）与公式（3.16）进行联立，即可得到最终的预测鱼类上溯距离最大化模型：

$$D_g = (U_s - U_f) \times \mathrm{e}^{a+bU_s} \tag{3.17}$$

本次试验选择草鱼（*Ctenopharyngodon idellus*）、鲢、马口鱼、齐口裂腹鱼、短须裂腹鱼、长身高原鳅（*Triplophysa tenuis*）和斯氏高原鳅（*Triplophysa stoliczkae*）作为试验对象。

部分鱼类在不同的水流速度下的游泳距离如图 3.21～图 3.23 所示。

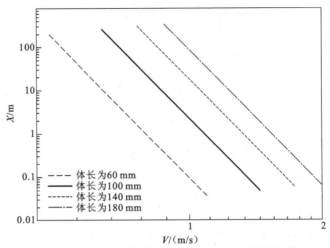

图 3.21　水流速度（V）与不同体长草鱼、鲢和马口鱼游泳距离（X）的关系

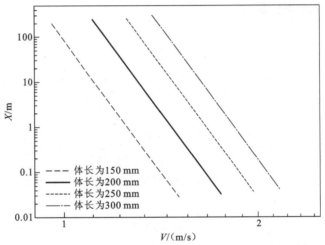

图 3.22　水流速度（V）与不同体长齐口裂腹鱼和短须裂腹鱼游泳距离（X）的关系

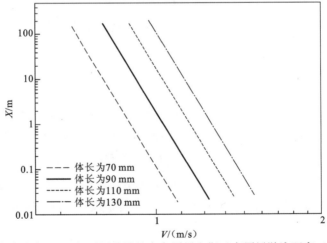

图 3.23　水流速度（V）与不同体长长身高原鳅和斯氏高原鳅游泳距离（X）的关系

第 4 章　鱼类过障行为研究

4.1　引　言

　　鱼类的流速障碍是指鱼类仅靠有氧呼吸或持续式游泳不能通过的水流。流速障碍广泛存在，鱼类能否通过流速障碍对其完成生活史具有重要意义，如鲑鳟鱼类生殖洄游过程需要克服连续的流速障碍才能到达产卵场。众多学者指出，管道均匀流中鱼类被迫游泳测定方法不仅在生理上缺乏依据，而且缺乏实践意义，不能有效地应用于鱼类生态学定量，如其测试环境为自然界中几乎不存在的管道均匀流，鱼类无法采用各种自主游泳行为，不能反映鱼类在特征流场（如射流和涡流）下通过流速障碍的能力。而在自然界中，鱼类游泳行为是一种较不稳定的运动状态，阶段性的持续式游泳运动、静止及偶发的突进游泳运动常常相互穿插发生。部分学者尝试了接近自然流态水体中的鱼类通过流速障碍能力测试，但未形成受到普遍认可的定量评价方法（Castro-santos et al.，2013）。在应用领域，人们对鱼类上溯通过流速障碍能力的认识局限，已影响到生境流场设计，如鱼道流速设计和栖息地修复等工程实践。尽管在封闭游泳能力测试水槽进行鱼类各种游泳速度指标的研究遭质疑，但其因具备操作简单和技术成熟的优势而被广泛应用。封闭游泳能力测试水槽条件下测得的游泳能力在何种程度上能够真实反映鱼类通过复杂流场下流速障碍能力以及如何用更加精准的指标反映自然界中鱼类游泳能力一直是学者们探讨的重点。

　　目前还未形成被广泛认可用于定量评价鱼类通过流速障碍能力的指标和方法。结合鱼类游泳速度指标为探索鱼类自主游泳能力、鱼类游泳行为和水力学的交叉研究提供了部分研究思路（Adams et al.，2003）。鱼类通过鱼道流速障碍能力测试应基于鱼类自主游泳，允许鱼类使用各种游泳行为上溯或休息；其次，鱼类在非均匀流场中如何利用流场将是影响鱼类上溯的核心要素。

　　为此，本章以雅鲁藏布江流域的异齿裂腹鱼和四川金沙江流域的齐口裂腹鱼、短须裂腹鱼及红尾副鳅（*Paracobitis variegatus*）为试验对象，在开放水槽中研究目标鱼类的过障能力。通过统计不同流态下试验鱼通过流速障碍成功率、相对成功率、通过效率和持续爆发游泳时间，来定量试验鱼通过流速障碍能力；同时通过将试验鱼上溯轨迹与速度场进行叠加，来探讨分析试验鱼如何利用流场达到成功上溯的目的。

4.2 鱼类单级过障行为分析

4.2.1 齐口裂腹鱼单级过障行为分析

1. 试验装置

鱼类单级过障行为测试在长 900 cm、宽 40 cm、深 30 cm 的上端开敞式可变坡水槽[图 4.1（a）]中进行，该水槽主体由上游回水池、下游回水池、试验水槽、水循环动力系统组成。试验用水由 1 台流量为 100 m³/h 潜水泵供给，水流经消能整流后进入槽体试验段，最后经由尾门排入下游水池循环。选取水槽水流流态平顺的中间段作为试验测试段，水槽末端放有百叶栅式尾门和拦鱼网。试验区正上方架设 3 台摄像机（红外网络摄像机，焦距 8 mm、帧率 25 Hz），摄像机与试验水槽平行架设，记录鱼类整个上溯过程。通过在水槽放置规则障碍物束窄水槽过水断面制造急流区和缓流区，以便研究复杂流态下试验鱼通过流速障碍能力和行为。试验分两种工况，鱼类过单级流速障碍试验中，工况 1 下阻流体剖面为上底长 40 cm、下底长 70 cm、高 18 cm 的梯形，形成了长 40 cm、宽 22 cm 的单级竖缝[图 4.1（b）]，工况 2 下阻流体剖面为上底长 80 cm、下底长 110 cm、高 18 cm 的梯形，形成了长 80 cm、宽 22 cm 的单级竖缝[图 4.1（c）]。

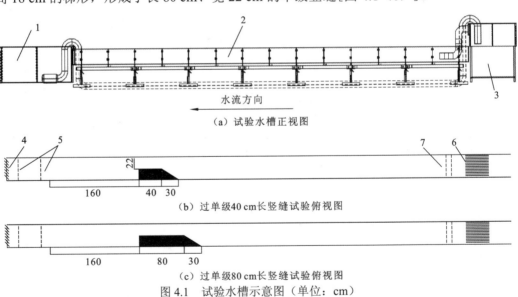

（a）试验水槽正视图

（b）过单级40 cm长竖缝试验俯视图

（c）过单级80 cm长竖缝试验俯视图

图 4.1　试验水槽示意图（单位：cm）

1. 下游回水池；2. 试验水槽；3. 上游回水池；4. 尾门；5. 拦鱼网；6. 平流蜂窝；7. 整流消能管

2. 试验用鱼

试验鱼分批在直径为 2.5 m 的水槽中暂养，试验前进行饥饿暂养 48 h。试验期间采用动水养殖，水温为（16.5±1.2）℃，全天不间断充氧，溶解氧大于 6.0 mg/L。从暂养鱼中挑选出未受伤、体质健康的样本用于试验，共 44 尾。其中 24 尾[mean±SE，体长 BL=（26.1±0.7）cm、湿重 Wg=（252.8±19.5）g]用于工况 1 单级竖缝试验长度 40 cm，20 尾[BL=（23.1±1.5）cm、Wg=（276±25.4）g]用于工况 2 单级竖缝试验长度 80 cm。各工况对应试验鱼尾数、试验鱼体长、试验水温以及竖缝处平均流速情况（表 4.1）。

表 4.1　试验工况表

工况	尾数	竖缝级数	竖缝长度/cm	竖缝流速/（cm/s）			
				第一级	第二级	第三级	平均流速
1	24	1	40	—	—	—	109.0±1.1[*]
2	20	1	80	—	—	—	115.9±1.1[**]

统计值*表示具有显著性差异（$P<0.05$），**表示具有极显著性差异（$P<0.01$）

3. 齐口裂腹鱼单级过障能力及行为测试

每次试验将一尾试验鱼放入两拦鱼网之间的水槽适应区适应 15 min，适应结束后去掉拦鱼网开始正式试验。试验水槽底部贴有与试验鱼体色有较大差异的白色反光膜，以便对鱼类运动轨迹进行视频追踪定位和增强夜间试验定位效果。试验后截取试验鱼通过竖缝的游泳视频，并通过 LoggerPro3.12 软件提取试验鱼上溯轨迹坐标和过竖缝所需时间（精确到 0.04 s）。工况 1 和工况 2 试验时间为 60 min，在试验时间内允许试验鱼重复通过竖缝，并记录试验鱼成功通过竖缝和尝试通过（鱼头部进入竖缝，但未通过的情况）的时间点。

4. 水力特性分析

试验水力条件通过声学多普勒点式流速仪进行测量，试验区水槽水深在 15～26 cm，测点断面距离槽底 6 cm，每测点测量频率为 30 Hz，各样本点测量时间在 60～90 s，各样本点相距 3～5 cm。工况 1 下共 53 个测量横断面、9 个纵向断面，429 个样本点。工况 2 下共 61 个测量横断面、9 个纵向断面，464 个样本点。通过 WinADV 软件对测点的 u、v、w 三个方向流速数据进行处理，剔除掉信噪比小于 15、相关度小于 70 的数据后再对数据进行分析。

瞬时速度与时间平均流速的差值为脉动流速，公式表示为

$$u_k' = u_k - \overline{u_k}; \quad v_k' = v_k - \overline{v_k}; \quad w_k' = w_k - \overline{w_k} \tag{4.1}$$

式中：u_k 为瞬时速度，cm/s；$\overline{u_k}$ 为时间平均速度，cm/s；u_k' 为脉动速度，cm/s。测点速度大小表示为

$$U_{\text{magk}} = \sqrt{\overline{u_k^2} + \overline{v_k^2} + \overline{w_k^2}} \tag{4.2}$$

竖缝平均流速 U 为竖缝处各测点流速均值：

$$U = \frac{1}{n}\sum_{k=1}^{n} U_{\text{magk}} \tag{4.3}$$

紊动能（单位：cm^2/s^2）的计算公式如下：

$$\text{TKE} = \frac{1}{2}(u_k'^2 + v_k'^2 + w_k'^2) \tag{4.4}$$

竖缝后方有急流区和缓流区（图 4.2）。竖缝长度为 40 cm、80 cm 的单级竖缝工况（工况 1 和工况 2）处流速分别为（109.0±1.1）cm/s（88.1～117.8 cm/s）、（115.9±1.1）cm/s（83.8～129.0 cm/s），且两种工况竖缝流速具有显著性差异（$F_{1,\ 128}$=10.9，P=0.001）。

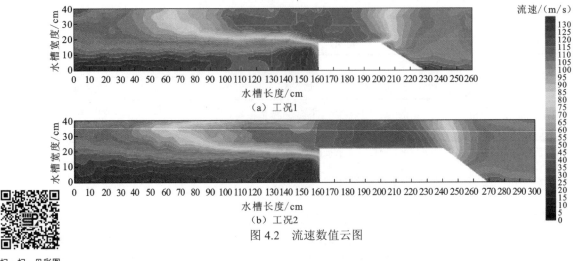

（a）工况1

（b）工况2

图 4.2　流速数值云图

扫一扫，见彩图

5. 结果分析

通过不同竖缝长度单级竖缝的次数无显著性差异（Mann-Whitney U=165，P>0.05）。其中有 21 尾试验鱼通过竖缝长度为 40 cm 的单级竖缝，平均每尾试验鱼通过次数为（6.5±1.7）次（1～30 次）；19 尾试验鱼通过竖缝长度为 80 cm 的单级竖缝，平均每尾试验鱼通过次数为（2.9±0.5）次（1～7 次）。对通过单级竖缝的 20 尾齐口裂腹鱼进行通过竖缝所需时间统计，齐口裂腹鱼通过长度为 40 cm、80 cm 竖缝需要时间分别为（0.6±0.1）s、（1.9±0.2）s（见图 4.3），所需要的时间具有显著性差异（Mann-Whitney U=5，P<0.01）。

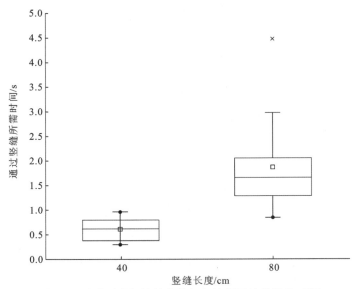

图 4.3　通过不同竖缝长度单级竖缝所需持续游泳时间

4.2.2　异齿裂腹鱼单级过障行为分析

1. 试验装置

试验装置与 4.2.1 试验装置相同。

试验分 3 种工况,其中工况 1 水槽坡度为 1.10%,工况 2 和工况 3 水槽坡度为 2.00%。鱼类通过单级流速障碍试验(工况 3)障碍物剖面为上底长 160 cm、下底长 245 cm、高 18 cm 的梯形,形成了长 160 cm、宽 22 cm 的单级竖缝(见图 4.4)。

图 4.4　过单级流速障碍试验俯视图(单位:cm)

1. 下游回水池;2. 试验水槽;3. 上游回水池;4. 尾门;5. 拦鱼网;6. 平流蜂窝;7. 整流消能管

2. 试验用鱼

试验鱼为异齿裂腹鱼,分批在直径为 2.9 m 的钢化玻璃缸中暂养,试验前进行饥饿暂养 48 h。水温为(14.6±1.1)℃,全天不间断充氧,溶解氧大于 6.0 mg/L。从暂养鱼中挑选出未受伤、体质健康的样本用于试验,共挑选 30 尾[BL=(22.61±2.09)cm,Wg=(154.73±43.85)g]用于工况 3 通过单级流速障碍持续爆发游泳能力试验(表 4.2)。

表 4.2　试验工况表

工况	尾数	试验水温/℃	竖缝流速/(cm/s)				
			第一级平均流速	第二级竖缝	第三级竖缝	第四级竖缝	平均水流速度
3	30	14.2±1.2	152.80±4.52	149.87±6.19	145.44±9.38	137.45±17.63	137.45±17.63c

注:工况 3 为通过竖缝长度为 160 cm 的单级流速障碍(竖缝长度为 40 cm、80 cm、120 cm、160 cm 这四个等级流速障碍)试验;统计值均用平均值±标准差(mean±SD),平均值数后上标不同字母表示差异显著($P<0.05$)

3. 异齿裂腹鱼单级过障能力及行为测试

每次试验将一尾试验鱼放入水槽下游拦网后适应 10 min,适应结束后开始正式试验。试验鱼通过第四级竖缝和通过长 160 cm 的单级竖缝则试验结束,且每次试验时间不超过 60 min。试验水槽底部贴有与鱼体色有较大差异的白色反光膜,以便对鱼类运动轨迹进行视频追踪定位。试验后,截取试验鱼通过竖缝的游泳视频,并通过 LoggerPro3.12 软件提取试验鱼上溯轨迹坐标和通过竖缝所需时间(精确到 0.04 s)。

4. 水力特性分析

试验水力条件通过声学多普勒点式流速仪进行测量,工况 3 试验区水槽水深在 14～

22 cm，测点断面距离槽底 6 cm，各测点测量频率为 30 Hz，测量时间在 90～120 s（图 4.5）。通过单级流速障碍试验中各样本点相距 3～10 cm，共 42 个横向测量断面、9 个纵向测量断面，242 个样本点。通过 WinADV 软件对测点的 u、v、w 三方向流速数据进行处理，剔除信噪比小于 15、相关度小于 70 的数据后再进行流场分析。

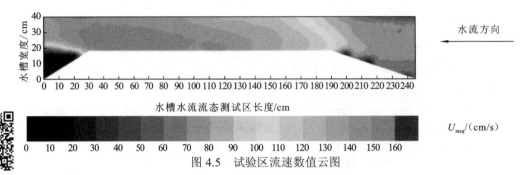

图 4.5　试验区流速数值云图

工况 3 竖缝流速为（137.45±17.63）cm/s（84.72～159.90 cm/s）

扫一扫，见彩图

瞬时速度与时间平均流速的差值为脉动流速，公式表示为

$$u_k' = u_k - \overline{u_k};\quad v_k' = v_k - \overline{v_k};\quad w_k' = w_k - \overline{w_k}$$

式中：u_k 为瞬时速度，cm/s；$\overline{u_k}$ 为时间平均速度，cm/s；u_k' 为脉动速度，cm/s。测点速度大小表示为

$$U_{\text{magk}} = \sqrt{\overline{u_k^2} + \overline{v_k^2} + \overline{w_k^2}}$$

竖缝平均流速 U 为竖缝处各测点流速均值：

$$U = \frac{1}{n}\sum_{k=1}^{n} U_{\text{magk}}$$

紊动能的计算公式如下：

$$\text{TKE} = \frac{1}{2}(u_k'^2 + v_k'^2 + w_k'^2)$$

5. 结果分析

通过单级流速障碍能力试验中有 28 尾试验鱼通过竖缝。试验鱼通过不同长度竖缝的游泳速度为（215.18±18.39）cm/s，且无显著性差异（one-way ANOVA，$P>0.05$）。通过不同竖缝长度与对应可通过的流速的关系可拟合为 $y = 158.30 - 0.11x$（$R^2 = 0.59$，$P < 0.01$），通过不同竖缝长度与所需持续游泳时间的关系可拟合为 $y = 0.06 + 0.01x$（$R^2 = 0.61$，$P < 0.01$）（图 4.6）。

试验鱼通过流速为 106.05～152.81 cm/s 的竖缝时，游泳速度无显著性差异（one-way ANOVA，$P>0.05$）（见图 4.7），值为（214.01±30.64）cm/s，且与突进游泳速度（196.94 cm/s）无显著性差异（one-way ANOVA，$P>0.05$）。可见在本试验条件下，试验鱼通过流速大于其临界游泳速度的竖缝时，以与突进游泳速度无显著性差异的恒定游泳速度上溯。

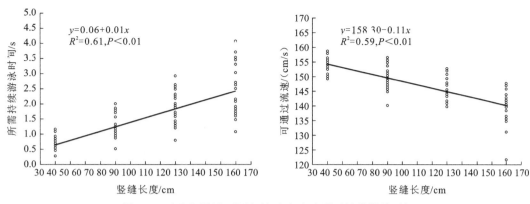

图 4.6　试验鱼通过不同竖缝对应流速所需持续游泳时间

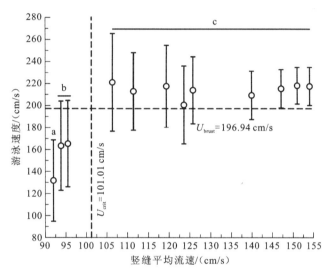

图 4.7　三种工况下试验鱼通过不同流速竖缝时游泳速度

不同字母表示通过不同流速竖缝时游泳速度具有显著性差异（$P<0.05$）；

虚线分别表示竖缝流速为临界游泳速度和游泳速度为突进游泳速度

4.2.3　短须裂腹鱼和红尾副鳅单级过障行为分析

1. 试验装置

本试验在自行设计的开放水槽中进行，试验装置采用长 10 m，宽 0.5 m，高 0.3 m 的开敞式可变坡水槽。试验装置由蓄水池、试验水槽、水循环动力系统、变坡装置、监测系统组成。试验用水由一台流量为 200 m³/h 潜水泵供给，在试验测试区域前放置直径为 8 mm 整流栅，用于平顺水流，水流从进口水箱流经整流栅平顺后进入测试区域。试验时选取试验水流平顺区域作为测试区域。水槽下游处设有尾门，来控制试验水槽的水深，试验区上下游分别设有拦鱼网，避免试验鱼游离测试区。为便于试验时对鱼类游泳行为进行观察和试验后期对鱼类进行视频轨迹追踪，在试验水槽底部贴有与试验鱼体色较大差异的白色反光纸。整个试验区上方架设 4 台摄像机（红外网络摄像机，焦距为 6 mm、帧率为 25 Hz），摄像机在架设时与水槽保持平行，使用摄像机记录试验鱼上溯时间和上溯行为，试验装置如图 4.8 所示。

图 4.8　试验装置现场图

2. 试验用鱼

试验鱼为短须裂腹鱼和红尾副鳅（图 4.9）。所有试验鱼在水池中暂养 24 h 后可开始试验，从中挑选健康，未受伤、体质良好的试验鱼进行测试，为保证测试结果的准确性，每尾试验鱼仅测试一次。暂养水池为 1.2 m³ 的开敞式水箱，暂养水温为 20~26 ℃，其间保持对暂养池充氧。每次试验前利用潜水泵将试验装置用水与新鲜水进行水体交换，保证在测试过程中水温及水体的理化性质稳定。

图 4.9　短须裂腹鱼（左）和红尾副鳅（右）

共有 208 尾短须裂腹鱼和红尾副鳅进行试验,其中 99 尾短须裂腹鱼和 83 尾红副鳅,表现出较高的游泳动机进入试验区域，其余的试验鱼表现出拒绝上溯行为，未进入试验区。四种工况下短须裂腹鱼参与率都在 88% 以上，其中在流速为 0.67 m/s 和 1.07 m/s 时，参与率均为 100%。红尾副鳅在四种流速工况下的参与率在 60% 以上，在 0.67 m/s 和 1.16 m/s 时参与率最高，为 88%。两种鱼参与率和形态学参数（表 4.3）。

表 4.3　明渠水槽测试试验鱼参与率及形态学参数表

工况 /（m/s）	试验鱼	尾数	参与率/%	体长/cm	叉长/cm	全长/cm	体高/cm	体宽/cm	体重/cm	温度/℃
0.67	短须裂腹鱼	25	100	20.72 ±1.80	22.78 ±1.95	25.82 ±2.19	4.02 ±0.49	2.80 ±0.51	138.78 ±38.61	20.06 ±1.89
	红尾副鳅	25	88	10.53 ±0.88	—	11.82 ±0.96	0.92 ±0.19	1.28 ±1.50	8.70 ±2.50	19.39 ±1.91
1.07	短须裂腹鱼	28	100	21.23 ±1.81	23.41 ±1.99	26.37 ±2.20	4.13 ±0.58	2.75 ±0.54	145.74 ±35.58	20.40 ±1.40
	红尾副鳅	29	79	10.52 ±1.42	—	11.92 ±1.57	1.09 ±0.16	0.95 ±0.13	9.24 ±2.63	20.23 ±1.48
1.16	短须裂腹鱼	25	96	22.61 ±2.08	25.01 ±2.14	28.07 ±2.40	4.63 ±0.89	2.97 ±0.43	179.46 ±47.68	24.70 ±2.29
	红尾副鳅	25	88	10.11 ±1.11	—	11.36 ±1.13	1.08 ±0.23	0.97 ±0.16	8.36 ±1.41	25.30 ±1.53
1.52	短须裂腹鱼	26	88	21.85 ±2.19	24.02 ±2.29	27.09 ±2.54	4.42 ±0.46	2.81 ±0.33	167.76 ±49.60	23.17 ±1.40
	红尾副鳅	25	64	10.04 ±1.15	—	11.42 ±1.10	1.12 ±0.27	1.00 ±0.21	8.43 ±1.56	23.34 ±2.23

注：红尾副鳅叉长和全长差距不明显，因此未测其叉长

3. 短须裂腹鱼和红尾副鳅单级过障能力及行为测试

在水槽中放入长 6.00 m，宽 0.25 m，高 0.28 m 的阻流体，以增加试验的水流速度，同时在阻流体末端制造一个低流速适应区，试验适应区长 0.65 m，宽 0.5 m，高 0.3 m（图 4.10）。试验设置四种不同的流速工况，试验的流速条件通过调节坡度和水槽后的尾门实现，每种工况平均流速分别为 0.67 m/s、1.07 m/s、1.16 m/s、1.52 m/s。试验前试验鱼放在下游适应区适应 30 min，并用电子温度计测试其试验水温。当适应结束后撤去拦鱼网，开始试验。试验时通过摄像机观察和记录试验鱼上溯时的情况，观察和记录内容包括：试验鱼自主上溯行为、试验鱼上溯时间、成功率、上溯最大距离等参数。试验测试区域长 6 m，当试验鱼上溯距离为 6 m，记为成功通过；当试验鱼上溯距离为 6 m 或试验鱼上溯距离不足 6 m，且在试验水槽持续游泳时间为 1 h，记为试验结束。试验结束后，取出试验鱼，测试其基本形参学参数（体长、全长、体高、体重等指标），为保证测试结果的准确性，试验时每尾试验鱼仅测试一次。若试验鱼在 1 h 内未进入阻流体区域，

则表示此试验鱼拒绝上溯，记为未参与试验（图 4.10）。

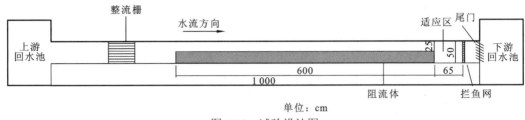

图 4.10　试验设计图

4. 水力特性分析

当放鱼试验结束后使用声学多普勒点式流速仪测定试验区的水力条件。测量纵向 u（x 坐标，水槽轴向方向，正向下游），横向 v（y 坐标，垂直于 x 方向）和垂直 w（z 坐标，正向上）方向上的流速值。测点段面高度在水深的 60% 处，测点的频率为 50 Hz，测试时间为 60 s。每个工况共有 11 个横断面，每个横断面的间隔为 2～5 cm，有 72 个纵断面，每个纵断面的间隔为 10 cm，共有 402 个测点。测点数据通过 WinADV 软件进行处理后，利用 Surfer 软件绘图工具，得到每种工况下试验区的流速分布云图。

通过 WinADV 处理的数据，瞬时速度分解为时均流速和脉动流速，脉动流速可用下列公式计算得出：

$$u_p = u - \overline{u}; \quad v_p = v - \overline{v}; \quad w_p = w - \overline{w} \tag{4.5}$$

式中：u_p，v_p，w_p 为脉动速度（cm/s）；$\overline{u}$，$\overline{v}$，$\overline{w}$ 为时均流速（cm/s）；u，v，w 为瞬时速度（cm/s）。

每个测点速度大小表示为

$$U_{\text{mag}} = \sqrt{\overline{u^2} + \overline{v^2} + \overline{w^2}} \tag{4.6}$$

通过 ADV 实测得到四种流速工况的流速云图（图 4.11）。测试区平均流速分别为（0.67±0.07）m/s、（1.07±0.17）m/s、（1.16±0.15）m/s、（1.52±0.16）m/s。水槽下游适应区流速在 0.1～0.3 m/s，可以给试验鱼一个低流速适应区，适应区流速与试验区主流流速大小有明显的不同。

5. 结果分析

在四种工况条件下，短须裂腹鱼和红尾副鳅的上溯成功率见图 4.12，其中短须裂腹鱼上溯成功率在流速为 0.67 m/s 时最大，为 84%，在流速为 0.67 m/s 和流速为 1.07 m/s 时，短须裂腹鱼上溯成功率具有显著性差异（$P<0.05$）。当流速大于 1.07 m/s 时，短须裂腹鱼成功率基本保持不变，短须裂腹鱼在四种工况条件下上溯成功率均大于 70%，说明在流速为 0.67～1.52 m/s 时并未对短须裂腹鱼上溯造成流速障碍；红尾副鳅在流速为 1.07 m/s 时上溯成功率最大，为 73.91%，在流速为 1.52 m/s 时，上溯成功率最低，仅有 6.25%，当流速大于 1.07 m/s 时，红尾副鳅的上溯成功率低于 60%，在 1.16 m/s 时，上溯

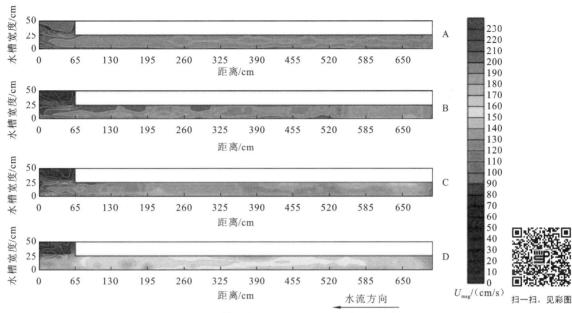

图 4.11　四种流速工况等值线云图（A～D 分别代表四种工况）

成功率为 22.73%，且在流速为 0.67 m/s 和 1.07 m/s 时，上溯成功率与流速为 1.16 m/s 和 1.52 m/s 时，上溯成功率具有显著性差异（$P<0.05$），说明当流速大于 1.07 m/s 时，会对红尾副鳅上溯造成流速障碍。

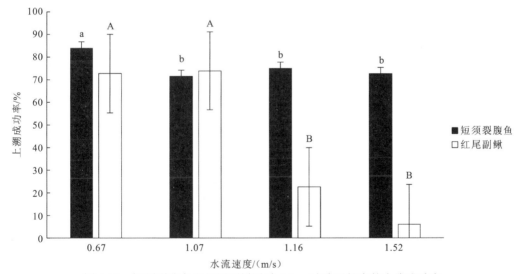

图 4.12　短须裂腹鱼和红尾副鳅通过 6.0 m 试验区长度的上溯成功率

统计各工况条件下试验鱼最大上溯距离与上溯成功率的关系，发现短须裂腹鱼上溯成功率与上溯距离呈线性关系，上溯成功率随上溯距离增加而显著性递减（$P<0.05$）（图 4.13）。红尾副鳅上溯成功率也随体长增加呈递减趋势（$P<0.05$），在流速为 0.67 m/s 和 1.07 m/s 时，两种工况呈线性递减趋势，在流速为 1.16 m/s 和 1.52 m/s 时，上溯成功率与上溯距离呈指数递减（图 4.14）。

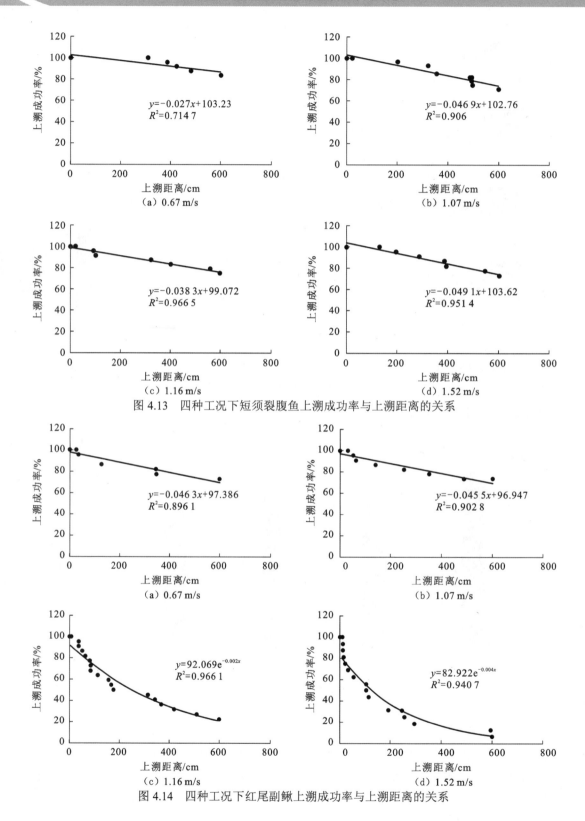

图 4.13　四种工况下短须裂腹鱼上溯成功率与上溯距离的关系

图 4.14　四种工况下红尾副鳅上溯成功率与上溯距离的关系

统计四种工况下短须裂腹鱼和红尾副鳅平均上溯最大距离，得出短须裂腹鱼和红尾副鳅上溯距离与流速关系（图 4.15 和图 4.16）。短须裂腹鱼最大上溯距离随流速增加呈线性递减趋势，两者拟合关系式为 $y=54.389x+594.08$（$R^2=0.625\,3$，$P<0.05$）。红尾副鳅最大上溯距离随流速递增呈指数性递减，两者拟合关系式为 $y=1\,342.2\mathrm{e}^{-1.295x}$（$R^2=0.756\,7$，$P<0.05$）。

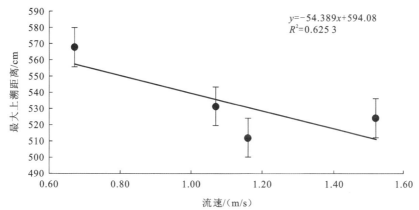

图 4.15　短须裂腹鱼最大上溯距离和流速的关系图

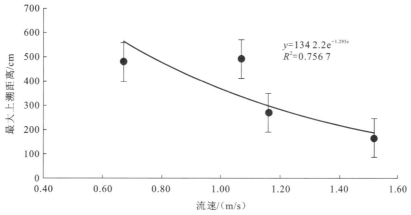

图 4.16　红尾副鳅最大上溯距离和流速的关系图

4.3　鱼类多级过障行为分析

4.3.1　齐口裂腹鱼多级过障行为分析

1. 试验装置

试验装置与 4.2.1 小节试验装置相同。试验分两种工况，鱼类通过多级流速障碍试验中，试验区固定 3 个阻流体，其中工况 3 阻流体剖面为上底长 40 cm、下底长 70 cm、高 18 cm 的梯形，形成 3 级长为 40 cm、宽 22 cm 的竖缝；其中工况 4 阻流体剖面为上底长 40 cm、下底长 100 cm、高 18 cm 的梯形，形成 3 级长为 40 cm、宽 22 cm 的竖缝（图 4.17）。

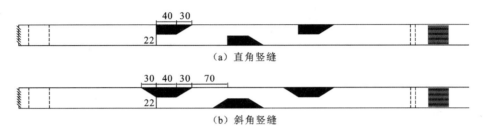

图 4.17　鱼类通过多级水流障碍试验装置示意图（单位：cm）

2. 试验用鱼

试验鱼分批在直径为 2.5 m 的水槽中暂养，试验前进行饥饿暂养 48 h。试验期间采用动水养殖，水温为（16.5±1.2）℃，全天不间断充氧，溶解氧大于 6.0 mg/L。从暂养鱼中挑选出未受伤、体质健康的样本用于试验，共 62 尾。其中 30 尾[BL=（25.8±0.5）cm，Wg=（271±13.7）g]用于工况 3 过 3 级水流障碍能力和行为试验，32 尾[BL=（25.1±0.5）cm，Wg=（265.3±14.7）g]用于工况 4 过 3 级水流障碍能力和行为试验。各工况对应试验鱼尾数、试验鱼体长、试验水温以及竖缝处平均流速（表 4.4）。

表 4.4　试验工况表

工况	尾数	竖缝级数	竖缝长度/cm	竖缝流速/（cm/s）			
				第一级	第二级	第三级	平均流速
3	30	3	40	106.7±1.6[a]	108.6±1.4[a]	106.1±0.8[a]	107.2±0.8
4	32	3	40	102.8±1.7[a]	106.1±1.8[a]	105.5±0.7[a]	104.8±0.9

注：除工况 4 竖缝进口为斜角外，其他工况竖缝进口为直角。统计值均用平均值±标准误（mean±SE），统计值后上标相同字母表示无显著性差异（$P>0.05$），统计值后上标不同符号数量表示具有显著性差异（$P<0.05$）

3. 齐口裂腹鱼多级过障能力及行为测试

每次试验将一尾试验鱼放入水槽适应区（两拦网之间）适应 15 min，适应结束后去掉拦鱼网开始正式试验。试验水槽底部贴有与试验鱼体色有较大差异的白色反光膜，以便对鱼类运动轨迹进行视频追踪定位和增强夜间试验定位效果。试验后截取试验鱼通过竖缝的游泳视频，并通过 LoggerPro3.12 软件提取试验鱼上溯轨迹坐标和过竖缝所需时间（精确到 0.04 s）。

工况 3 和工况 4 试验鱼通过第 3 级竖缝则试验结束，且试验时间不超过 60 min，试验过程中记录试验鱼过每级竖缝时间点、成功通过竖缝次数、尝试次数以及计算过多级水流障碍成功率（通过每级竖缝试验鱼尾数占总试验鱼尾数百分比）、相对成功率（成功通过每级竖缝试验鱼尾数占成功通过上一级竖缝试验鱼尾数百分比）和通过效率（成功通过竖缝次数占尝试次数和成功通过次数之和的百分比）。

4. 水力特性分析

试验水力条件通过声学多普勒点式流速仪进行测量，试验区水槽水深在 15～26 cm，测点断面距离槽底 6 cm，每测点测量频率为 30 Hz，各样本点测量时间在 60～90 s，各样本点相距 3～5 cm。工况 3 下共 83 个横断面、9 个纵断面，603 个样本点。工况 4 下共 89 个横断面、9 个纵断面，621 个样本点。通过 WinADV 软件对测点的 u、v、w 三个方向流速数据进行处理，剔除掉信噪比小于 15、相关度小于 70 的数据后再对数据进行分析。

瞬时速度与时间平均流速的差值为脉动流速，公式表示为

$$u'_k = u_k - \overline{u_k}; \quad v'_k = v_k - \overline{v_k}; \quad w'_k = w_k - \overline{w_k}$$

式中：u_k 为瞬时速度，cm/s；$\overline{u_k}$ 为时间平均速度，cm/s；u'_k 为脉动速度，cm/s。测点速度大小表示为

$$U_{\text{magk}} = \sqrt{\overline{u_k^2} + \overline{v_k^2} + \overline{w_k^2}}$$

竖缝平均流速 U 为竖缝处各测点流速均值：

$$U = \frac{1}{n}\sum_{k=1}^{n}U_{\text{magk}}$$

紊动能（单位：cm^2/s^2）的计算公式如下：

$$\text{TKE} = \frac{1}{2}(u'^2_k + v'^2_k + w'^2_k)$$

竖缝后方有急流区和缓流区（图 4.18）。两种多级竖缝工况处竖缝流速分别为 107.2±0.8 cm/s、104.8±0.9 cm/s，无显著性差异（$P > 0.05$）。

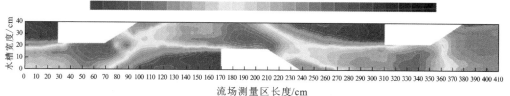

图 4.18　流速数值云图（cm/s）

5. 结果分析

成功率和相对成功率是鱼道过鱼效果整体评价和池室监测的主要指标。工况 3 试验鱼过竖缝成功率从第一级的 96.7%降到第三级 76.7%，工况 4 从第一级 93.8%降到第三级 90.6%，两种工况下成功率无显著差异性（Mann-Whitney $U=3$，$P>0.05$）。工况 3 试验鱼通过每级竖缝相对成功率为 $91.7\pm3.4\%$，工况 4 通过每级竖缝相对成功率为 $96.8\pm1.8\%$，工况 3 试验鱼通过竖缝相对成功率从第一级的 96.7%降到第三级 85.2%，工况 4 从第一级 93.8%升到第三级 100.0%（图 4.19），通过工况 4 第二级竖缝的试验鱼全部通过第三级竖缝。

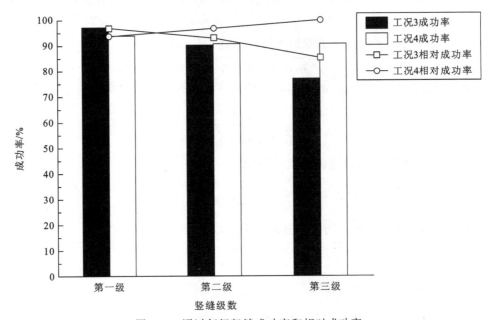

图 4.19　通过每级竖缝成功率和相对成功率

工况 3 级数跟相对成功率拟合关系式为：$P_i=(103.13-5.740\ 7i)/100$（$R^2=0.954\ 2$）。工况 3 下，试验鱼通过第一级竖缝试验鱼尾数为 29 尾，即成功率为 96.67%。根据试验结果，由相对成功率估计通过鱼道对应级数时的通过尾数可由以下公式预测：

$$n_i = N\prod_1^i P_i \tag{4.7}$$

$$n_i = N\cdot(b-a)\%\cdot(b-2a)\%\cdot(b-3a)\%\cdots[b-a(i-1)\%]\cdot(b-ai)\% \tag{4.8}$$

式中：n_i 为通过第 i 级竖缝试验鱼尾数；N 为试验鱼尾数；i 表示竖缝级数；P_i 表示试验鱼通过第 i 级竖缝的相对成功率；a、b 为级数跟相对成功率拟合关系式中的系数和常量，在本试验工况 3 情况下 $a=-5.740\ 7$，$b=103.13$。通过上述关系式可预测通过第 i 级竖缝的试验鱼尾数，如通过第 5 级竖缝的试验鱼尾数为 14 尾。

4.3.2 异齿裂腹鱼多级过障行为分析

1. 试验装置

试验装置与 4.2.1 小节试验装置相同。

试验分 3 种工况，其中工况 1 水槽坡度为 1.10%，工况 2 和工况 3 水槽坡度为 2.00%。鱼类通过多级流速障碍试验（工况 1、工况 2）中，试验区固定 4 个障碍物（见图 4.20），其中第 1 障碍物、第 2 障碍物和第 3 障碍物剖面为上底长 40 cm、下底长 100 cm、高 18 cm 的等腰梯形，第 4 个障碍物（靠近上游回水池）剖面为上底长 40 cm、下底长 125 cm、高 18 cm 的梯形，形成长 40 cm、宽 22 cm 的 4 级竖缝。

图 4.20 鱼类通过多级（从左往右共 4 级竖缝）流速障碍试验俯视图（单位：cm）

2. 试验用鱼

试验鱼为异齿裂腹鱼，分批在直径为 2.9 m 的钢化玻璃缸中暂养，试验前进行饥饿暂养 48 h。水温为 (14.6 ± 1.1) ℃，全天不间断充氧，溶解氧大于 6.0 mg/L。从暂养鱼中挑选出未受伤、体质健康的样本用于试验，共 78 尾。其中 39 尾[BL = (20.02 ± 1.86) cm，Wg = (116.45 ± 32.48) g]用于工况 1 通过 4 级流速障碍能力和行为试验，39 尾[BL = (21.38 ± 2.71) cm，Wg = (139.05 ± 51.17) g]用于工况 2 通过 4 级流速障碍能力和行为试验（表 4.5）。

表 4.5 试验工况表

工况	尾数	试验水温/℃	竖缝流速/(cm/s)				
			第一级平均流速	第二级竖缝	第三级竖缝	第四级竖缝	平均水流速度
1	39	13.8±0.2	93.77±9.32	95.35±14.27	111.00±16.62	106.05±10.90	101.55±14.87[a]
2	39	13.5±1.2	91.96±15.28	122.88±24.60	124.99±26.67	118.71±11.26	114.63±24.28[b]

注：工况 1、工况 2 为通过竖缝长度为 40 cm 的多级流速障碍试验；统计值均用平均值±标准差（mean±SD），平均值数后上标不同字母表示差异显著（$P < 0.05$）

3. 异齿裂腹鱼多级过障能力及行为测试

通过多级流速障碍能力及行为试验过程中记录试验鱼通过每级竖缝的时间、成功通过竖缝次数、尝试通过次数以及计算通过多级流速障碍成功率、相对成功率和通过效率。对比研究不同竖缝流速、不同竖缝长度下鱼类游泳速度，将长度为 160 cm 单级竖缝划分为 4 个等级,即竖缝长度为 40 cm、80 cm、120 cm、160 cm 这 4 个等级,同样记录试验鱼成功通过竖缝和尝试通过的时间。

4. 水力特性分析

试验水力条件通过声学多普勒点式流速仪进行测量,试验区水槽水深在 14~22 cm,测点断面距离槽底 6 cm,各测点测量频率为 30 Hz,测量时间在 90~120 s(图 4.21)。通过多级流速障碍能力及行为试验中各样本点相距 3~5 cm,共 112 个横断面、9 个纵断面,765 个样本点。通过 WinADV 软件对测点的 u、v、w 三个方向流速数据进行处理,剔除信噪比小于 15、相关度小于 70 的数据后再进行流场分析。

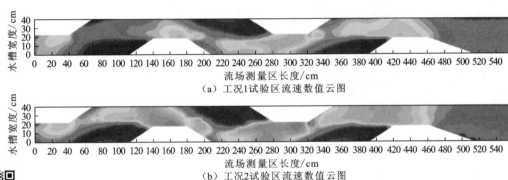

(a) 工况 1 试验区流速数值云图

(b) 工况 2 试验区流速数值云图

图 4.21　不同工况下试验区流速数值云图

工况 1 竖缝流速为(101.55±14.87)cm/s(58.58~128.25 cm/s),

工况 2 竖缝速度为(114.63±24.28)cm/s(52.19~156.94 cm/s)

扫一扫,见彩图

瞬时速度与时间平均流速的差值为脉动流速,公式表示为

$$u_k' = u_k - \overline{u_k}; \quad v_k' = v_k - \overline{v_k}; \quad w_k' = w_k - \overline{w_k}$$

式中:u_k 为瞬时速度,cm/s;$\overline{u_k}$ 为时间平均速度,cm/s;u_k' 为脉动速度,cm/s。测点速度大小表示为

$$U_{\text{magk}} = \sqrt{\overline{u_k^2} + \overline{v_k^2} + \overline{w_k^2}}$$

竖缝平均流速 U 为竖缝处各测点流速均值:

$$U = \frac{1}{n} \sum_{k=1}^{n} U_{\text{magk}}$$

紊动能的计算公式如下:

$$\text{TKE} = \frac{1}{2}(u_k'^2 + v_k'^2 + w_k'^2)$$

5. 结果分析

成功率和相对成功率是鱼道过鱼效果整体评价和池室监测的主要指标。工况 1 试验鱼通过竖缝成功率从第 1 级的 87.18% 降到第 4 级 82.05%,工况 2 从第 1 级 92.31% 降到第 4 级 84.62%(图 4.22),两种工况下成功率无显著差异性(one-way ANOVA,$P > 0.05$)。

工况 1 和工况 2 相对成功率分别为（95.30±5.60）%、（95.59±3.32）%，两种工况通过竖缝相对成功率无显著差异性（one-way ANOVA，$P>0.05$）。两种工况通过第 1 级竖缝相对成功率低于通过第 2 级、第 3 级、第 4 级竖缝相对成功率；工况 1 第 3 级竖缝和第 4 级竖缝流速大于第 1 级和第 2 级竖缝流速，通过第 3 级竖缝的试验鱼全部通过第 4 级竖缝；工况 2 第 2 级竖缝和第 3 级竖缝流速大于第 1 级和第 4 级竖缝流速，通过第 2 级竖缝的试验鱼全部通过第 3 级竖缝（图 4.22）。

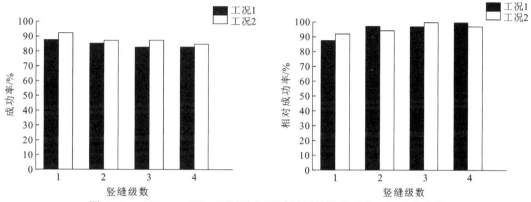

图 4.22　工况 1、工况 2 下试验鱼通过每级竖缝成功率、相对成功率

工况 1 有 31 尾试验鱼通过，工况 2 下有 21 尾试验鱼通过。工况 1、工况 2 通过效率分别为 97.62±8.23%、84.99±21.38%（图 4.23）。两种工况通过效率（工况 2 通过效率小于工况 1）具有显著差异（Mann-Whitney $U=407.5$，$P<0.05$）的主要原因可能是工况 2 试验鱼尝试通过竖缝次数高于工况 1 的尝试次数。对试验鱼连续通过 4 级竖缝所需游泳时间进行统计：工况 1 连续通过 4 级竖缝所需时间为（9.08±4.77）s，工况 2 为（11.73±7.31）s（见图 4.24）。两种工况下试验鱼从进入第 1 级竖缝到通过第 4 级竖缝所需时间无显著性差异（$F_{1,63}=2.98$；$P>0.05$）；第 1 级竖缝进口到第 4 级竖缝出口直线距离为 460 cm，工况 1 通过所需最短时间为 1.96 s，工况 2 为 4.52 s。部分试验鱼以极高速度通过多级竖缝，可能与上溯过程中利用流场加快对地游泳速度，减少上溯时间有关。

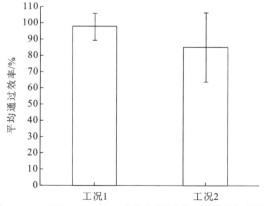

图 4.23　工况 1、工况 2 试验鱼通过多级竖缝通过效率

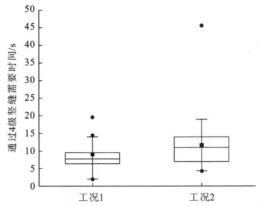

图 4.24　工况 1、工况 2 试验鱼通过多级竖缝所需游泳时间

若游泳能力是鱼类能否通过鱼道流速障碍的决定性因素，则在低流速工况下成功率应更高，而实际并非如此（Cheong et al.，2006）。鱼类必须具有上溯意愿且积极地尝试通过，这受生理条件、嗅觉信号和鱼对水流反应等诸多因素影响。工况 1 和工况 2，两种工况通过竖缝成功率、相对成功率以及通过 4 级竖缝所需时间无显著性差异。

4.3.3　短须裂腹鱼和红尾副鳅多级过障行为分析

1. 试验装置

试验装置与 4.2.3 小节试验装置相同。试验在开放水槽内放入阻流体，形成类似于竖缝式鱼道的流态。阻流体为上底长 40 cm，下底长 126.6 cm，高 25 cm 的等腰梯形，通过放置 4 个阻流体，形成 4 级长为 40 cm，宽为 25 cm 的竖缝（图 4.25）。试验设置三种不同的水力条件，每种工况竖缝处平均流速分别为 0.87 m/s，0.98 m/s，1.18 m/s。

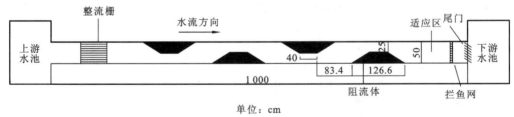

单位：cm

图 4.25　试验装置示意图

2. 试验用鱼

短须裂腹鱼和红尾副鳅共有 190 尾进行试验，其中 95 尾短须裂腹鱼和 95 尾红尾副鳅参与试验，短须裂腹鱼和红尾副鳅参与率和上溯试验鱼的形态学参数见表 4.6。

表 4.6　开敞式可变坡水槽测试试验鱼参与率及形态学参数表

工况	试验鱼	尾数	参与率/%	体长/cm	叉长/cm	全长/cm	体高/cm	体宽/cm	体重/cm	温度/℃
I	短须裂腹鱼	25	92	20.78 ±1.82	22.84 ±1.94	25.67 ±2.08	4.19 ±0.43	2.59 ±0.37	147.69 ±54.36	25.93 ±1.40
	红尾副鳅	25	100	9.76 ±1.72	—	11.01 ±1.85	0.80 ±0.17	0.73 ±0.15	6.88 ±3.92	25.47 ±1.11
II	短须裂腹鱼	27	81.48	22.15 ±1.95	24.38 ±2.10	27.01 ±2.71	4.36 ±0.51	2.82 ±0.51	170.41 ±45.28	26.24 ±1.17
	红尾副鳅	27	74.07	10.05± 0.92	—	11.33 ±1.00	0.85 ±0.12	0.76 ±0.08	7.10 ±1.34	25.93 ±1.18
III	短须裂腹鱼	43	81.40	22.72 ±2.01	24.94 ±2.13	27.93 ±2.28	4.33 ±0.55	2.70 ±0.37	190.31 ±50.34	26.30 ±1.47
	红尾副鳅	43	81.40	9.37 ±1.0	—	10.67 ±1.12	0.76 ±0.15	0.67 ±0.14	6.17 ±1.93	26.38 ±1.52

红尾副鳅叉长和全长差距不明显，因此未测其叉长

3. 短须裂腹鱼和红尾副鳅多级过障能力及行为测试

试验前先用电子温度计测试水温，记录试验水温后，再将试验鱼放入下游适应区，适应时间为 10 min。适应结束后撤去拦鱼网，观察试验鱼自主上溯行为。当试验鱼成功通过 4 级竖缝或试验鱼持续游泳时间达到 1 h 后，视为试验结束。若试验鱼在 1 h 内未进入第一个阻流体区域，则此试验鱼记为拒绝上溯。通过摄像机观察试验鱼上溯时的行为，统计其成功率（成功通过鱼的尾数/参与试验鱼的尾数）、上溯所需时间等参数。

4. 水力特性分析

试验各工况水力条件是通过声学多普勒点式流速仪进行测量，测量纵向 u（x 坐标，水槽轴向方向，正向下游）、横向 v（y 坐标，垂直于 x 方向）和垂直 w（z 坐标，正向上）方向上流速值。测点段面高度在水深的 60%处，测点频率为 50 Hz，测试时间为 60 s。每个工况共有 11 个横断面，每个横断面间隔为 2~5 cm，有 69 个纵断面，每个纵断面距离间隔为 10 cm，测点具体位置如图 4.26 所示，测点为横纵坐标交点。测点数据通过 WinADV 软件进行处理后，利用 Surfer 软件绘图工具，得到每种工况下试验区流速分布云图。

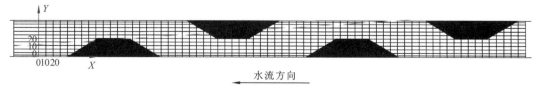

图 4.26　试验区域流场测点图

通过视频剪辑软件，将试验鱼上溯视频进行裁剪，接着将裁剪后视频导入 LoggerPro32 分析软件中进行轨迹提取，采用手动打点方式逐帧对上溯鱼类的行为轨迹进行跟踪，视频打点时间间隔为 0.04 s。将提取后的轨迹点导入 Surfer 绘图软件，实现鱼类游泳轨迹与背景流场相互叠加，通过 Surfer 软件提取试验鱼上溯时选择的流速值，采用概率密度函数的方法分析其偏好。具体分析方法为将提取流速值分为不同流速区间，分别计算各流速区间面积与选择的流速区间面积总和之比。得到各流速区间比值减去该流速区间在背景流速中的面积占比，当差值大于 0 时，视为对这一流速表示偏好，等于 0 时表示无选择，小于 0 是对这一流速表示逃避。

数据处理和图形绘制采用 Microsoft Excel 2010 和 Origin8 软件。统计数值均以平均值±标准差（mean±SD）表示，用 SPSS19.0 统计软件进行单因素方差分析，当 $P<0.05$ 表示数据具有显著性差异。通过 LoggerPro32 软件追踪试验鱼上溯轨迹，采用 WinADV 软件处理流场数据，Surfer 软件进行流场图绘制和鱼类上溯轨迹流场点提取，试验鱼通过各工况所需时间，采用取对数的方式进行换算分析处理。

利用 ADV 实测得到三种工况条件下水力条件流速云图（图 4.27）。工况 1 竖缝平均流速为（87.21±9.41）cm/s，工况 2 竖缝平均流速为（97.60±12.66）cm/s，工况 3 竖缝平均流速为（117.86±43.19）cm/s，三种工况条件下竖缝流速值具有显著性差异（$P<0.05$）（表 4.7）。

表 4.7　试验各工况竖缝流速值

工况	第一级竖缝平均流速	第二级竖缝平均流速	第三级竖缝平均流速	第四级竖缝平均流速	竖缝平均流速
1	89.00±8.02	85.07±11.22	84.87±8.49	90.43±7.61	87.21±9.41[a]
2	95.15±9.60	98.55±13.86	92.97±7.17	103.49±15.31	97.60±12.66[b]
3	104.72±29.86	118.04±43.96	116.90±34.96	131.76±55.07	117.86±43.19[c]

字母不同代表具有显著性差异

5. 结果分析

统计试验鱼上溯情况，三种流速条件下短须裂腹鱼和红尾副鳅参与率都在 74% 以上。当竖缝平均流速为 0.87 m/s 时，短须裂腹鱼和红尾副鳅参与率最高，分别为 92% 和 100%。当竖缝平均流速为 0.98 m/s 时，短须裂腹鱼和红尾副鳅参与率最低，分别为 81.48% 和 74.07%。在工况 1 条件下，短须裂腹鱼和红尾副鳅成功通过 4 级竖缝成功率分别为 65.22% 与 100%；工况 2 中短须裂腹鱼和红尾副鳅通过 4 级竖缝成功率分别为 68.18% 和 70.00%；工况 3 条件下，短须裂腹鱼和红尾副鳅通过 4 级竖缝成功率分别为 77.14% 和 51.43%。除在工况 2 条件下短须裂腹鱼和红尾副鳅通过 4 级竖缝成功率没有显著性差异外（$P>0.05$），另外两种工况，短须裂腹鱼和红尾副鳅在同一工况条件中都具有显著性差异（$P<0.05$）（见图 4.28）。

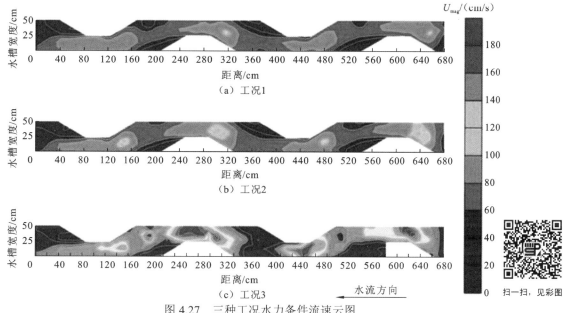

图 4.27　三种工况水力条件流速云图

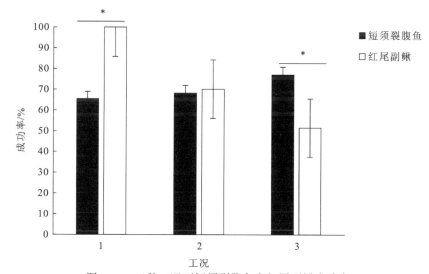

图 4.28　三种工况下短须裂腹鱼和红尾副鳅成功率

通过将鱼类上溯轨迹与流场相耦合，采用概率密度函数方法分析鱼类上溯时的流场偏好。在工况 1 中，背景流速范围为 0.050～1.075 m/s，在 0.80～0.85 m/s 时，背景流速概率密度值最大，为 2.60。短须裂腹鱼上溯可以选择流速范围为 0.175～0.105 m/s，其中在流速范围为 0.85～0.95 m/s 时，选择密度值最大，为 4.7 [图 4.29（a）]。通过流场偏好分析得出短须裂腹鱼在工况 1 条件下上溯偏好流速是 0.75～0.80 m/s 和 0.84～0.98 m/s [图 4.29（b）]。在工况 2 中，短须裂腹鱼可选背景流速范围为 0.025～1.275 m/s，其中背景流速为 0.20～0.25 m/s 和 0.85～0.90 m/s 时,概率密度值占比最大,为 2.60。短须裂腹鱼上溯可以选择流速范围为 0.175～0.105 m/s,其中短须裂腹鱼上溯选择流速主要集中在流速为 0.85～0.95 m/s,选择概率密度值 5.57[图 4.29 (c)]。短须裂腹鱼在工况 2 条件下选择流速偏好范围为 0.72～0.96 m/s[图 4.29 (d)]。工况 3 条件下,背景流速范围为 0.025～2.70 m/s,其中 0.20～0.30 m/s 流速范围概率密度值最大,为 3.39。短须裂腹鱼上溯可以选择流速范围为 0.20～2.20 m/s,短须裂腹鱼上溯选择流速主要集中于1.10～1.20 m/s,概率密度函数为 4.43[图 4.29 (e)]。短须裂腹鱼在工况 3 偏好流速[图 4.29 (f)],主要偏好流速范围为 0.84～1.35 m/s 和 1.40～1.99 m/s。三种工况条件下短须裂腹鱼上溯共同偏好流速为 0.84～0.96 m/s。

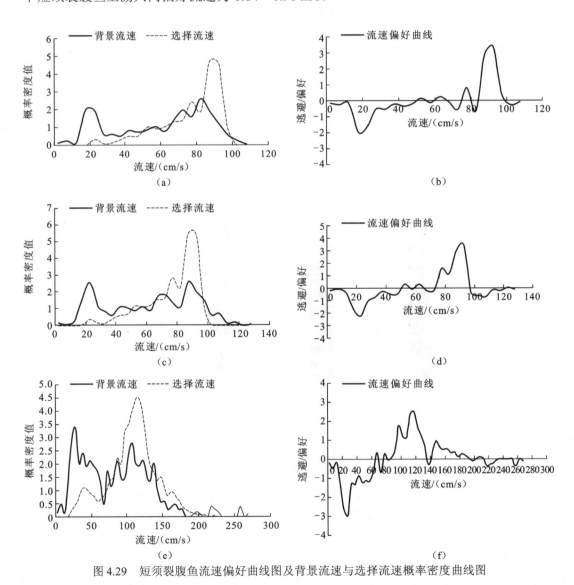

图 4.29　短须裂腹鱼流速偏好曲线图及背景流速与选择流速概率密度曲线图

对成功上溯的红尾副鳅采用相同的分析方法分析其上溯时流场偏好。在工况 1 中，红尾副鳅上溯选择流速在 0.15～1.05 m/s，其中在流速为 0.80～0.85 m/s 时，概率密度值最大，为 4.24[图 4.30（a）]。通过偏好分析得出红尾副鳅在工况 1 条件下上溯偏好的流速范围为 0.62 m/s～0.96 m/s[图 4.30（b）]。工况 2 条件下，红尾副鳅上溯选择流速范围为 0.10～1.30 m/s，其中在流速为 0.85～0.90 m/s 时，红尾副鳅选择值最大，概率密度值为 2.94[图 4.30（c）]。通过偏好分析得出红尾副鳅偏好流速范围为 0.60～1.05 m/s[图 4.30（d）]。在工况 3 条件下，红尾副鳅上溯时选择流速范围为 0.25～2.05 m/s，其中流速 1.05～1.10 m/s 概率密度值最大，为 7.56[图 4.30（e）]。通过偏好分析得出，红尾副鳅在上溯时偏好的流速为 0.30～0.40 m/s、0.75～1.20 m/s、1.25～1.35 m/s[图 4.30（f）]。三种工况下红尾副鳅共同偏好流速为 0.75～0.96 m/s。

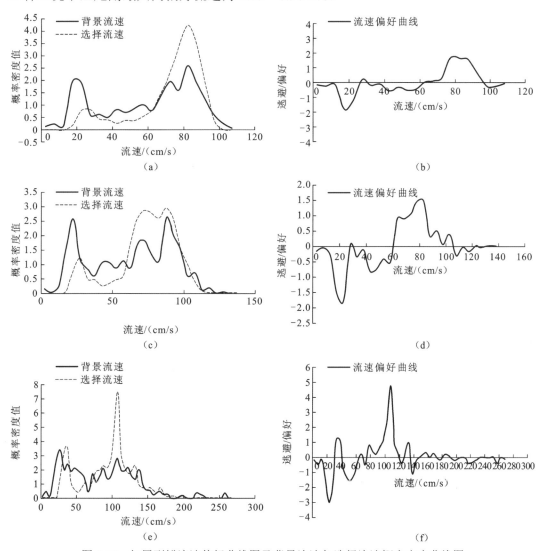

图 4.30　红尾副鳅流速偏好曲线图及背景流速与选择流速概率密度曲线图

第5章 鱼类游泳能力在过鱼设施设计中的应用

5.1 引 言

鱼道是水利工程中的重要组成部分，它为鱼类提供了一条可以安全迁徙的通道。由于每种鱼类的游泳能力都有所不同，因此在鱼道的设计和建设过程中，我们必须充分考虑到这一点。这意味着过鱼设施的设计必须以鱼类的游泳能力为基础。

本章深入讨论鱼类的感应流速、临界游泳流速、突进游泳速度等参数如何在过鱼设施中得到应用，详细阐述这些参数如何影响过鱼设施的设计和建设，以及如何根据这些参数来优化过鱼设施的性能和效率。在此基础上，介绍一些具体的案例，这些案例涵盖了国内各种类型的过鱼设施。通过这些案例，可以看到鱼类游泳能力研究成果如何在实际的鱼道设计中得到应用，以及这些设计如何根据鱼类的游泳能力来调整鱼道的长度、深度、流速等物理信息。这些案例不仅提供了关于如何根据游泳能力来设计鱼道的具体参考，也为我国过鱼设施设计提供了宝贵的借鉴。同时，对这些案例的学习和研究，可以为该领域的未来发展提供新的思路，推动我国过鱼设施的技术进步和产业发展。

5.2 鱼类游泳能力在鱼道设计中的应用

5.2.1 进口处

一般来讲，鱼在水流速度达到感应流速时便会产生明显的趋流反应，但鱼道进口受限于河道背景流场的存在，往往难以形成有效的吸引流，进口处的最小流速一般不小于鱼的感应流速，并且在进口以及竖缝处设计流速大于临界游泳速度，若进口设计流速过低，不足以对鱼类产生方向性刺激，就会导致鱼类难以找到鱼道进口，严重影响过鱼效率；但若进口流速超过了突进游泳速度，又将成为鱼类进入过鱼设施的阻碍。

考虑到过鱼设施有兼顾多种过鱼对象的可能性，对于来流敏感程度较高，但随着体长增加，敏感程度逐渐减弱，且体长超过一定范围之后，鱼对水流的感知随体长增加几乎不发生变化，其感应流速趋于平稳。

5.2.2　池室段

鱼类的感应流速对鱼道水力学设计有一定的指导意义，鱼道池室主流区的流速不宜过小。如果池室内的设计流速低于鱼的感应流速，鱼就找不到主流方向，会在池室里徘徊，因此池室内的设计流速应大于过鱼对象的感应流速。

若鱼道池室长度过长，则需设置多个隔板以降低流速；对于长度较短的池室段，国际上一般采用鱼类突进游泳速度作为高流速区的设计流速值。

5.2.3　休息段

为了保障洄游鱼类有足够的体能通过鱼道，通常在鱼道中设置休息池用于过鱼对象恢复体能，在休息池内的主流水流速度过大将影响鱼类恢复，过小则无法让鱼类感知水流方向，推荐主流水流速度介于过鱼对象感应流速和临界游泳速度之间。

鱼道长度及休息池长度的设计需考虑过鱼对象的持续游泳时间，持续游泳时间与持续游泳速度关系到鱼类可以连续上溯的距离，是鱼道长度及休息池设计的参考依据之一；根据鱼类游泳时间与游泳速度的关系，可计算得到鱼类在特定水流速度下的游泳时间和游泳距离，从而估算不同长度鱼道内所允许的最大平均水流速度，作为鱼道尺寸及流速设计的重要参考依据。

5.2.4　转弯段

鱼道在运行过程中，通常需要保证过鱼对象中游泳能力最弱的鱼类能够通过鱼道，过高的流速会形成流速屏障，在鱼道转弯段的流速一般不小于过鱼对象的最大游泳速度及突进游泳速度。

5.2.5　出口段

上行过鱼设施的出口位置通常设置在远离坝址的上游处，鱼道出口处应保持一定的流速，避免鱼类在游出鱼道时，感应不到流速变化从而迷失方向甚至返回鱼道，导致过鱼效率下降，因此鱼道出口流速应大于过鱼对象的感应流速。

5.3　鱼类游泳能力在集运鱼船设计中的应用

在进行集运鱼船进口流速设计时，会利用较大的水流吸引鱼类找到集运鱼船的进口，若进口设计流速过大，会妨碍鱼类进入，若设计流速太小，则对鱼类的吸引力不足，集运鱼船进口设计流速应大于鱼类临界游泳速度且小于鱼类突进游泳速度。

　　集运鱼船进口进行流速设计时，会利用较大的水流吸引并帮助鱼类找到集运鱼船进口，若进口流速过大就会妨碍鱼类进入，若流速太小，则对鱼类的吸引力不足，建议集运鱼船进口设计流速应大于临界游泳速度且小于突进游泳速度。

　　鱼类成功通过入口后到达过鱼通道，通道内的流速设计过小，鱼类将失去趋流性，建议通道内部的流速应大于感应流速且小于临界游泳速度。

　　最后由过鱼通道内的物理屏障将鱼类全部驱赶至集鱼舱室。

5.4　鱼类连续过障能力在鱼道设计中的应用

　　结合水电站过鱼设施竖缝处流速来研究鱼类通过多级竖缝时的游泳行为，通过统计过鱼对象通过竖缝的成功率、相对成功率、通过效率以及通过不同级数、不同长度竖缝时，鱼类持续爆发游泳时间，定量分析过鱼对象通过鱼道池式竖缝的行为，综合提出一种与鱼道流态更相似的鱼类上溯行为评价方法以及评价指标。

　　根据鱼类游泳能力测试方法和评价指标，结合水电站鱼道主要过鱼对象的游泳速度指标和竖缝式鱼道的设计流速，来评价目标鱼类在不同工况流态下通过流速障碍的能力和行为；最后通过数值模拟，对原型和优化模型鱼道池室流场进行分析，综合提出优化方案。

5.5　鱼类连续过障能力在集运鱼船设计中的应用

　　集运鱼系统由集鱼系统、运鱼系统和其他辅助系统组成。其中，集鱼系统作为整个体系的核心，决定工程运行的成败。而采取何种方式能够成功诱集到目标鱼类，则是工程的关键，现代工程为提高吸引鱼类的效率，通常在进口处设置补水管道或将过鱼设施的进口布置在主体建筑物下游流速相对较快的区域，然而，过鱼通道进口处对水流速度及流态有一定要求，而水利枢纽运行所产生的下泄水流往往无法满足其需求，目前，水流诱鱼被认为是最切实有效的诱鱼手段，因此，集鱼平台进鱼口诱鱼水流速度应大于进鱼口附近江面水流速度 0.2～0.3 m/s。为便于鱼类上溯感应，水流方向应与河流主流方向保持一致，诱鱼水流还需保持一定深度，以诱集栖息于不同水层的鱼类；此外，还可利用鱼类对声音、光照、气泡幕和食物的敏感性开发综合诱驱鱼技术。

　　集鱼平台通常由集鱼船和运鱼船经挂钩前后挂接而成，有时也可通过水下旁路系统连接，二者均为平底船，设有专门的集鱼舱道与补水机组。工作时，集鱼船在适当地点抛锚固定，启开舱道两头闸门，放下拦鱼栅，让水流从舱道中流过，并利用补水机组使水流速度增加至 0.2～0.5 m/s，促使鱼类游入集鱼舱道；1.5～2.5 h 后，进行计数，选鱼，然后提起运鱼舱道网格闸门，把集鱼船所集之鱼驱入运鱼船；两船脱钩后，运鱼船通过船闸过坝卸鱼于上游水域（图 5.1）。

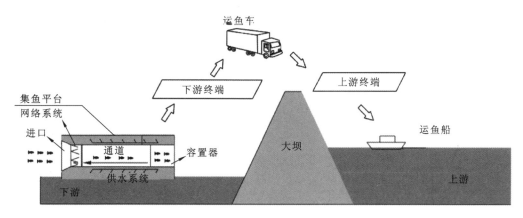

图 5.1　集运鱼系统

结合集运鱼系统过鱼通道内的流速来研究鱼类在集运船中的游泳行为，统计过鱼对象通过集运鱼系统过鱼通道的成功率、相对成功率、通过效率及通过不同级数、不同长度通道的持续爆发游泳时间，定量分析集运鱼系统过鱼通道的行为，提出一种通过集运鱼系统过鱼通道更相似的鱼类上溯行为评价方法以及评价指标。

最后通过鱼类游泳能力测试方法和评价指标，结合主要过鱼对象的游泳速度指标和集运鱼系统过鱼通道的设计流速，来评价目标鱼类在不同工况流态下通过流速障碍的能力；还可以通过数值模拟，对原型和优化集运鱼系统过鱼通道模型流场进行分析，并提出优化方案。

5.6　案　例　分　析

5.6.1　玉曲河扎拉水电站过鱼对象游泳能力及其在鱼道设计中的应用

1. 工程概况及背景

玉曲河，又称伟曲，是怒江中游左岸一级支流，发源于西藏昌都市类乌齐县附近的瓦合山南麓，流经昌都的洛隆县、察雅县、八宿县、左贡县，以及林芝的察隅县，在察隅县察瓦龙乡目巴村附近汇入怒江。玉曲河流域面积 9 379 km²，干流总长 444.3 km；河道天然落差 3 122 m，平均坡降 7%。其中左贡县城以上河段河道宽缓，平均坡降约 3.5%；左贡县城以下河道狭窄，河谷深切，多呈"V"形，落差较大，平均坡降大于 10%。玉曲河位于怒江和澜沧江的分水岭上，界于他念他翁山和永隆里南山之间，与怒江和澜沧江并流而行。流域内地势大致呈东北向西南倾斜，东部与澜沧江相邻，西南部与怒江连接，分水岭高程多在海拔 4 800 m 以上。流域内支流较多，主要支流有直曲、尼曲（也称开曲）、橙曲、节曲、阿比曲、大曲等，大多数位于干流左岸，具有河道短、落差大的特点。

根据《西藏自治区玉曲河干流水电规划报告》和《西藏自治区玉曲河干流水电规划环

境影响报告书》（以下简称《环评报告书》），推荐玉曲河干流采用成德（正常蓄水位 3 760 m，装机容量 224 MW，下同）—扎玉（3 550 m，118 MW）—吉登（3 400 m，186 MW）—中波（3 200 m，160 MW）—碧土（3 080 m，292 MW）—扎拉（2 810 m，810 MW）—轰东（2 100 m，194 MW）"二库七级"开发方案，总装机容量 1 984 MW，保证出力 312.8 MW（联合，717.4 MW），年发电量 94.42 亿 kW·h（联合，98.25 亿 kW·h）。2017 年 8 月，西藏自治区人民政府批复《西藏自治区玉曲河干流水电规划报告》。2018 年 12 月 13 日，中华人民共和国生态环境部在《关于西藏玉曲河扎拉水电站环境影响报告书的批复》（环审〔2018〕137 号）中明确：在大坝右岸建设工程鱼道，下阶段应开展必要的生态学及水工模型试验，优化细化方案并开展专题设计。

2. 鱼类资源调查结果及过鱼对象

1）鱼类区系组成成分

根据相关文献资料记载，综合以往调查研究资料及 2021 年 6 月调查结果，调查区域分布的鱼类种类共有 7 种，其中鲤形目鲤科裂腹鱼亚科裂腹鱼类 3 属 4 种：裂腹鱼类中裂腹鱼属 2 种，裸裂尻鱼属及叶须鱼属各 1 种，鲤形目鳅科条鳅亚科高原鳅属鱼类 3 种。上述 7 种鱼类中，贡山裂腹鱼（*Schizothorax gongshanensis*）、怒江裂腹鱼（*Schizothorax nukiangensis*）和温泉裸裂尻鱼（*Schizopygopsis therniatis*）为怒江特有种类。裂腹鱼属与 2018 年的鱼类资源调查结果相比，调查结果相近，但鮡科鱼类与小眼高原鳅等其他鳅科鱼类在本次调查未捕获。

2）过鱼对象

扎拉水电站工程坝址上下游河段鱼类生境多样性程度较高，不同类型生境在坝址上下游均有分布；工程阻隔的坝址上下游河段对该河段的鱼类而言均能满足自然繁殖并完成生活史的需要。在没有过鱼设施辅助的情况下，坝址下游个体无法进入上游水域，补充上游群体的基因库；坝址上游个体可以通过水流挟带经过水轮机或泄洪道进入下游水域，补充下游群体基因库，但是受水流冲击、水工结构碰撞影响、引水洞压力变化等影响，下行个体死亡率较高。因此，以上行过鱼设施辅助鱼类上行，兼顾减少下行个体的死亡率为过鱼目标。

根据鱼类资源调查情况，经过综合考虑之后，确定主要过鱼对象为怒江裂腹鱼、贡山裂腹鱼、裸腹叶须鱼（*Ptychobarbus kaznakovi*）、温泉裸裂尻鱼，高原鳅类和鮡科鱼类作为兼顾测试对象。

3. 鱼类游泳能力测试结果

1）概述

鱼类游泳能力关系着鱼道设计的各个方面，决定着鱼道设计的成败。按照《水电工程过鱼设施设计规范》（NB/T 35054—2015），鱼道设计流速应根据过鱼对象游泳能力测试、水工模型试验或已有研究成果综合确定。工程根据生态调查结果确定了工程鱼道的主要过鱼对象为怒江裂腹鱼、贡山裂腹鱼、温泉裸裂尻鱼以及裸腹叶须鱼，将高原鳅类和鲱科鱼类作为兼顾测试对象。为满足过鱼设施设计需要，对西藏玉曲流域中的野生过鱼对象，进行了趋流特性及克流能力测试。主要测试指标为感应流速、临界游泳速度、耐久游泳速度、持续游泳速度和突进游泳速度等鱼道设计的关键游泳行为参数，为本工程鱼道设计提供基础数据支撑。

2）测试方法

（1）试验材料。

试验用的怒江裂腹鱼、贡山裂腹鱼、温泉裸裂尻鱼、裸腹叶须鱼捕捞于玉曲河，共捕获怒江裂腹鱼 806 尾、贡山裂腹鱼 282 尾、温泉裸裂尻鱼 158 尾、裸腹叶须鱼 10 尾。挑选活性良好，体长合适的鱼类进行试验，试验对象体长范围分别为 8.7～22.5 cm、8.2～21.1 cm、7.0～14.7 cm、11.2～27.2 cm。体重范围分别为 9.9～58.8 g、8.2～116.6 g、7.4～45.5 g、19.1～219.1 g。

（2）试验方法。

感应流速：感应流速的测定采用流速递增量法，将单尾试验鱼放置于游泳能力测试水槽中，静水下适应 1 h 后，每隔 5 s 以微调的方式逐步增大流速，同时观察鱼的游泳行为。当试验鱼游泳速度随着水流速度缓慢增加，出现游泳姿态摆正至头部朝向来水方向并均匀摆尾，该流速即为试验鱼的感应流速。

临界游泳速度：试验开始前，先将试验鱼放置在流速为 1 BL/s 的试验水槽中适应，缓解试验鱼的应激反应，适应时间为 1 h。适应结束后，采用流速递增量法进行测试，每隔 20 min 增加一次流速，流速增量为 1 BL/s，直至试验鱼疲劳（试验鱼停靠在下游网上时，轻拍下游壁面 20 s，鱼仍不重新游动，视为疲劳）。取出疲劳的试验鱼并测量体重及常规形态学参数。临界游泳速度（U_{crit}，BL/s）按以下公式计算：

$$U_{crit} = U_t + \frac{t}{\Delta t}\Delta U \tag{5.1}$$

式中：t 为在最高流速下的实际持续时间（$t < \Delta t$），Δt 为改变流速的时间间隔（20 min），ΔU 为速度增量（1.0 BL/s），相对临界游泳速度 U'_{crit}（m/s）由绝对对临界游泳速度 U_{crit}（BL/s）除以鱼体长（BL）求得。

突进游泳速度：突进游泳速度的测定亦采用流速递增量法，与临界游泳速度的测试方法基本一致，只是将流速提升时间间隔 Δt 改为 20 s，流速增量仍为 1.0 BL/s，鱼体疲劳时对应的流速即为突进游泳速度。突进游泳速度计算公式与临界游泳速度计算公式一致。

持续游泳速度：采用固定流速法测试，即在 1 BL/s 流速下适应 1 h 后，在 1 min 内将水流速度调至设定流速，设定流速的初始值采用试验鱼的平均临界游泳速度，记录在设定流速下的游泳时间。每个流速下重复 20 尾。根据试验结果，在该速度的基础上调整下一组鱼的设定流速，流速改变值通常为 0.1～0.2 m/s。当某一流速下有 50%的试验鱼持续游泳时间超过 200 min，则此流速为最大持续游泳速度。小于最大可持续游泳速度的流速值都称为持续游泳速度。

耐久游泳速度：与持续游泳速度的测试方法相同，采用固定流速法测试。即适应结束后，在 1 min 内将水流速度调至设定流速，设定流速的初始值亦采用试验鱼的平均临界游泳速度，记录在设定流速下的游泳时间。每个流速下重复 20 尾。根据试验结果，在该速度的基础上调整下一组鱼的设定流速。流速改变值通常为 0.1～0.2 m/s，记录游泳开始至疲劳的时间。当某一流速下有 50%的试验鱼持续游泳时间不大于 20 s，则此流速为最大耐久游泳速度。最大可持续游泳速度至最大耐久游泳速度间的流速范围均为耐久游泳速度。

3）测试结果

（1）怒江裂腹鱼。

感应流速：本试验共测试 39 尾怒江裂腹鱼，体长范围为 8.7～22.5 cm，体重范围为 9.9～58.8 g，测试水温 15.1～18.0 ℃，测得其绝对感应流速为（0.14±0.06）m/s，相对感应流速为（1.1±0.41）BL/s。绝对、相对感应流速随体长增加变化不明显，如图 5.2、图 5.3 所示。

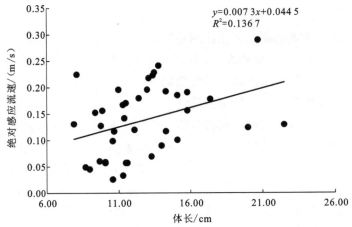

图 5.2　怒江裂腹鱼绝对感应流速与体长的关系

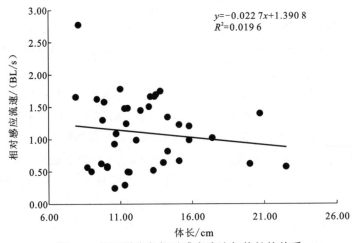

图 5.3　怒江裂腹鱼相对感应流速与体长的关系

　　临界游泳速度：本试验共测试 20 尾怒江裂腹鱼，体长范围为 8.7～15.8 cm，体重范围为 9.9～58.8 g，测试水温为 13.5～17.8℃。测得其绝对临界游泳速度为（1.03±0.18）m/s，相对临界游泳速度为（8.42±1.59）BL/s。试验结果表明怒江裂腹鱼绝对、相对临界游泳速度与体长关系不显著，如图 5.4、图 5.5 所示。

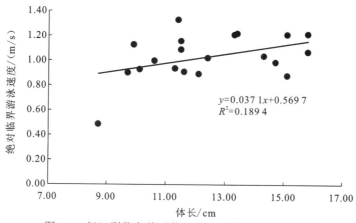

图 5.4　怒江裂腹鱼绝对临界游泳速度与体长的关系

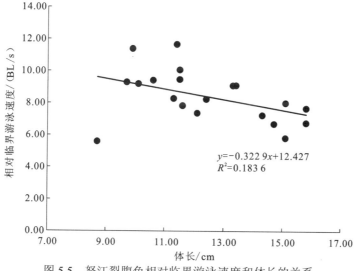

图 5.5　怒江裂腹鱼相对临界游泳速度和体长的关系

　　突进游泳速度：本试验共测试 21 尾怒江裂腹鱼，测试怒江裂腹鱼的体长范围为 8.7～22.5 cm，体重范围为 9.9～58.8 g，测试水温为 18.6～19.5℃。测得其绝对突进游泳速度为（1.45±0.26）m/s，试验结果表明绝对突进游泳速度与体长没有显著性关系，如图 5.6 所示；相对突进游泳速度为（11.77±4.21）BL/s，随体长增加而下降，拟合关系式为 $y=-0.434\,8x+17.442$，如图 5.7 所示。

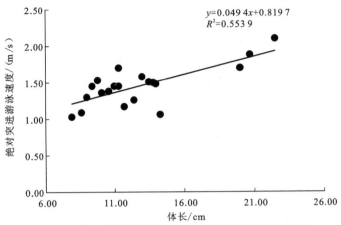

图 5.6　怒江裂腹鱼绝对突进游泳速度与体长的关系

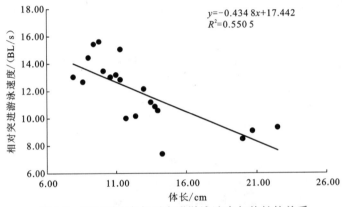

图 5.7　怒江裂腹鱼相对突进游泳速度与体长的关系

持续游泳能力和耐久游泳能力测试：本试验共测试了 49 尾怒江裂腹鱼，体长范围为 10.7~15.7 cm，体重范围为 17.2~57.5 g，测试水温为 16.3~18.4 ℃。测试中设定的流速分别为 0.53 m/s、0.63 m/s、0.73 m/s、0.83 m/s、0.93 m/s、1.03 m/s、1.13 m/s。当设定流速调节至 0.63 m/s 时，有 50%的试验鱼持续游泳时间大于 200 min；当设定流速增至 0.73 m/s 时 50%的试验鱼持续游泳时间小于 20 s。试验结果可知，怒江裂腹鱼最大耐久游泳速度为 0.73 m/s，最大持续游泳速度为 0.63 m/s，如图 5.8 所示。

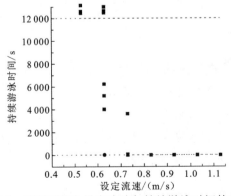

图 5.8　怒江裂腹鱼设定流速与持续游泳时间的关系

（2）贡山裂腹鱼。

感应流速：本试验共测试了 46 尾贡山裂腹鱼，体长范围为 8.2～21.1 cm，体重范围为 8.2～116.6 g，测试水温 16.5～19.8℃，测得其绝对感应流速为（0.14±0.06）m/s，相对感应流速为（1.17±0.94）BL/s。绝对、相对感应流速和体长没有显著的关系，如图 5.9、图 5.10 所示。

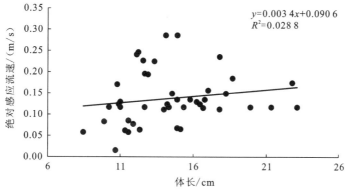

图 5.9　贡山裂腹鱼绝对感应流速与体长的关系

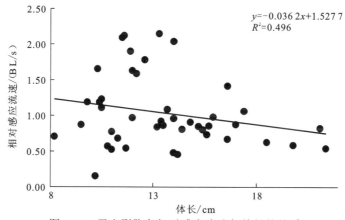

图 5.10　贡山裂腹鱼相对感应流速与体长的关系

临界游泳速度：本试验共测试 20 尾贡山裂腹鱼，体长范围为 8.2～21.1 cm，体重范围为 11.4～79.6 g，测试水温为 14.5～17.8℃。测得其绝对临界游泳速度为（1.03±0.25）m/s，相对临界游泳速度为（1.17±0.94）BL/s。贡山裂腹鱼绝对临界游泳速度与体长均无显著性关系，如图 5.11 所示；相对临界游泳速度随体长的增加而下降，拟合关系式为 $y=-0.036\,2x+1.527\,7$，$P<0.001$ 如图 5.12 所示。

突进游泳速度：本次试验共测试 21 尾贡山裂腹鱼，体长范围为 8.2～21.1 cm，体重范围为 13.4～104.3 g，测试水温为 18.6～19.6℃。测得其绝对突进游泳速度为（1.4±0.21）m/s，试验结果表明绝对突进游泳速度与体长没有显著性关系，如图 5.13 所示。相对突进游泳速度为 10.8±3.16 BL/s。如图 5.14 所示，相对突进游泳速度随体长增大而减小，拟合关系式为 $y=-0.716\,8x+20.641$，$P<0.001$。

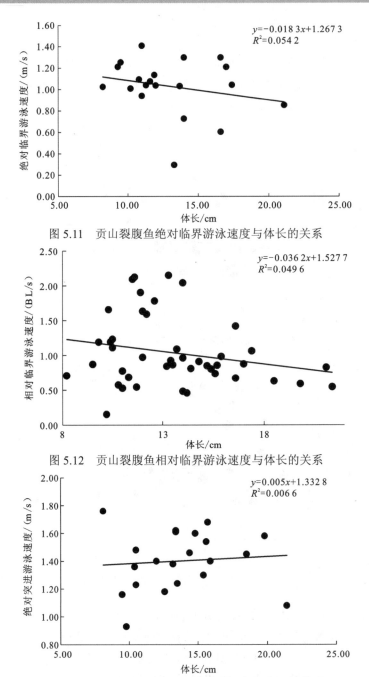

图 5.11 贡山裂腹鱼绝对临界游泳速度与体长的关系

图 5.12 贡山裂腹鱼相对临界游泳速度与体长的关系

图 5.13 贡山裂腹鱼绝对突进游泳速度与体长的关系

持续游泳能力和耐久游泳能力测试：本试验共测试了 49 尾贡山裂腹鱼，体长范围为 12.2～16.5 cm，体重范围为 25.5～55.4 g，测试水温为 16.4～18.5 ℃。测试中设定的流速分别为 0.53 m/s、0.63 m/s、0.73 m/s、0.83 m/s、0.93 m/s、1.03 m/s、1.13 m/s。当设定流速调节至 0.63 m/s 时，有 50% 的试验鱼持续游泳时间大于 200 min；当设定流速增至 0.73 m/s 时 50% 的试验鱼持续游泳时间小于 20 s。试验结果可知，贡山裂腹鱼最大耐久游泳速度为 0.73 m/s，最大持续游泳速度为 0.63 m/s，如图 5.15 所示。

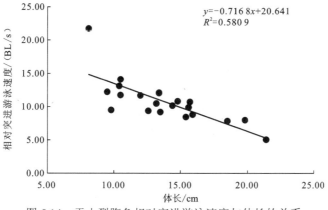

图 5.14　贡山裂腹鱼相对突进游泳速度与体长的关系

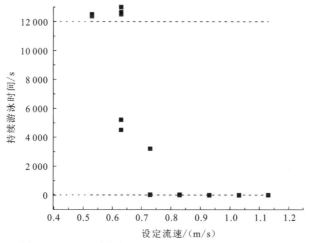

图 5.15　贡山裂腹鱼设定流速与持续游泳时间的关系

（3）温泉裸裂尻鱼。

感应流速：本试验共测试了 40 尾温泉裸裂尻鱼，体长范围为 7.0～14.7 cm，体重范围为 7.4～42.6 g，测试水温 15.2～18.7℃，测得其绝对感应流速为（0.11±0.05）m/s，相对感应流速为（1.04±0.54）BL/s，绝对、相对感应流速和体长没有显著的关系，如图5.16、图 5.17 所示。

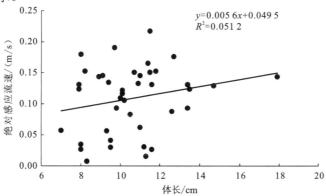

图 5.16　温泉裸裂尻鱼绝对感应流速与体长的关系

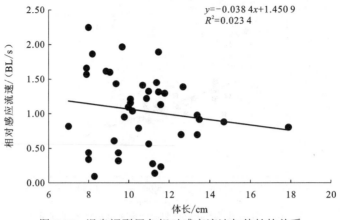

图 5.17　温泉裸裂尻鱼相对感应流速与体长的关系

临界游泳速度：本试验共测试 20 尾温泉裸裂尻鱼，体长范围为 7.0～14.7 cm，体重范围为 7.4～42.6 g，测试水温为 15.2～18.9 ℃。测得其绝对临界游泳速度为（1.03±0.22）m/s，相对临界游泳速度为（10.59±3.13）BL/s。温泉裸裂尻鱼绝对临界游泳速度与体长均无显著性关系，如图 5.18 所示；相对临界游泳速度随体长的增加而下降，拟合关系式为 $y=-1.111\,3x+21.768$，如图 5.19 所示。

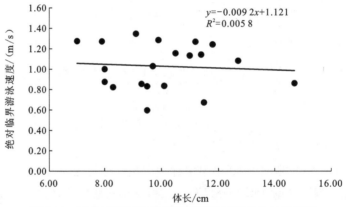

图 5.18　温泉裸裂尻鱼绝对临界游泳速度与体长的关系

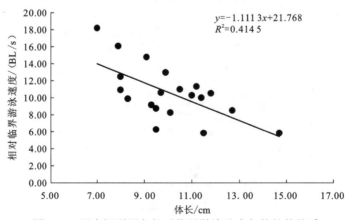

图 5.19　温泉裸裂尻鱼相对临界游泳速度与体长的关系

突进游泳速度：本次试验共测试 21 尾温泉裸裂尻，体长范围为 7.9～14.7 cm，体重范围为 7.4～42.6 g，测试水温为 15.7～19.7 ℃。测得其绝对突进游泳速度为（1.57±0.34）m/s，如图 5.20 所示，试验结果表明绝对突进游泳速度与体长没有显著性关系。相对突进游泳速度为（14.83±4.14）BL/s。如图 5.21 所示，相对突进游泳速度随体长增大而减小，拟合关系式为 $y = -1.325\ 7x + 29.47$，$P < 0.001$。

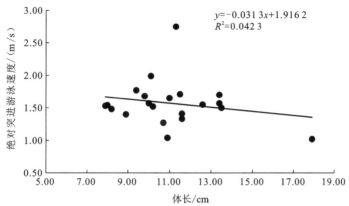

图 5.20　温泉裸裂尻绝对突进游泳速度与体长的关系

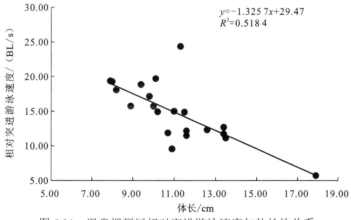

图 5.21　温泉裸裂尻相对突进游泳速度与体长的关系

持续游泳能力和耐久游泳能力测试：本试验共测试了 49 尾温泉裸裂尻鱼，体长范围为 10.5～13.1 cm，体重范围为 14.7～45.5 g，测试水温为 17.5～19.2 ℃。试验中设定的流速分别为 0.43 m/s、0.53 m/s、0.63 m/s、0.73 m/s、0.83 m/s、0.93 m/s、1.03 m/s。当设定流速调节至 0.53 m/s 时，有 50%的试验鱼持续游泳时间大于 200 min；当设定流速增至 0.63 m/s 时 50%的试验鱼持续游泳时间小于 20 s。试验结果可知，温泉裸裂尻鱼最大耐久游泳速度为 0.63 m/s，最大持续游泳速度为 0.63 m/s，如图 5.22 所示。

（4）裸腹叶须鱼。

感应流速：本试验共测试了 6 尾裸腹叶须鱼，体长范围为 11.2～25.6 cm，体重范围为 19.1～215.9 g，测试水温 14.5～17.4 ℃，测得其绝对感应流速为（0.18±0.02）m/s，

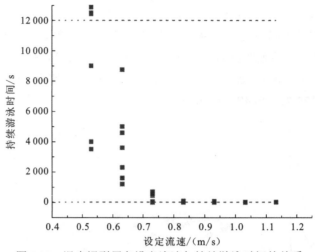

图 5.22　温泉裸裂尻鱼设定流速与持续游泳时间的关系

绝对感应流速和体长没有显著的关系，如图 5.23；相对感应流速为（0.89±0.33）BL/s，随体长的增加而下降，相对感应流速和体长拟合的关系式为 $y = -0.062\,4x + 2.292\,7$，$P < 0.001$，如图 5.24 所示。

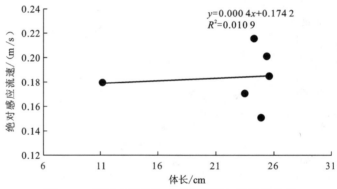

$y = 0.000\,4x + 0.174\,2$
$R^2 = 0.010\,9$

图 5.23　裸腹叶须鱼绝对感应流速与体长的关系

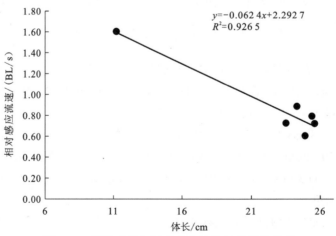

$y = -0.062\,4x + 2.292\,7$
$R^2 = 0.926\,5$

图 5.24　裸腹叶须鱼相对感应流速与体长的关系

　　临界游泳速度：本试验共测试 11 尾裸腹叶须鱼，体长范围为 20～27.2 cm，体重范围为 19.1～219.1 g，测试水温为 15.2～17.9℃。测得其绝对临界游泳速度为（0.99±0.17）m/s，相对临界游泳速度为（4.18±0.6）BL/s。裸腹叶须鱼绝对临界游泳速度随体长增加而增加，拟合关系式为 $y=0.044\,7x-0.069\,5$，$P<0.001$，如图 5.25所示；相对临界游泳速度与体长关系并不显著，如图 5.26 所示。

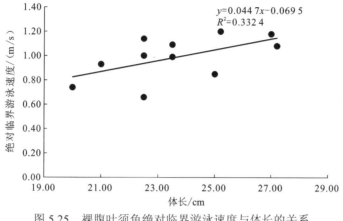

图 5.25　裸腹叶须鱼绝对临界游泳速度与体长的关系

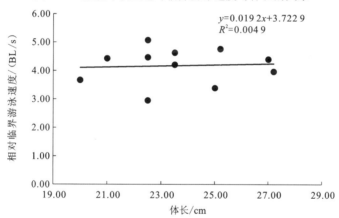

图 5.26　裸腹叶须鱼相对临界游泳速度与体长的关系

　　突进游泳速度：本次试验共测试 6 尾裸腹叶须鱼，体长范围为 20.0～26.0 cm，体重范围 19.1～215.9 g，测试水温为 16.5～18℃。测得其绝对突进游泳速度为（1.09±0.15）m/s，如图 5.27 所示，试验结果表明绝对突进游泳速度与体长没有显著性关系；相对突进游泳速度为（5.34±1.89）BL/s，相对突进游泳速度随体长增加而减小，拟合关系式为 $y=-0.359\,4x+13.238$（$P<0.001$），如图 5.28 所示。

　　持续游泳能力和耐久游泳能力测试：本试验共测试了 20 尾裸腹叶须鱼，体长范围为 20～26.0 cm，体重范围为 19.1～215.9 g，测试水温为 16.2～18.4℃。测试中设定的流速分别为 0.53 m/s、0.63 m/s、0.73 m/s、0.83 m/s、0.93 m/s、1.03 m/s。当设定流速调节至 0.53 m/s 时，有 50%的试验鱼持续游泳时间大于 200 min；当设定流速增至 0.63 m/s时 50%的试验鱼持续游泳时间小于 20 s。试验结果可知，裸腹叶须鱼最大耐久游泳速度为 0.63 m/s，最大持续游泳速度为 0.63 m/s，如图 5.29 所示。

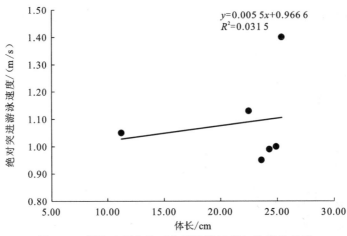

图5.27　裸腹叶须鱼绝对突进游泳速度与体长的关系

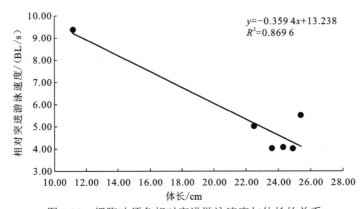

图5.28　裸腹叶须鱼相对突进游泳速度与体长的关系

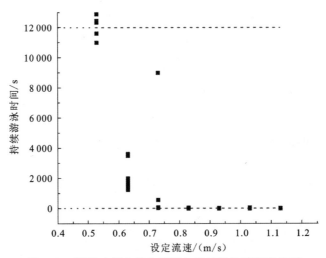

图5.29　裸腹叶须鱼设定流速与持续游泳时间的关系

（5）游泳能力累积疲劳率与流速关系。

综合4种鱼游泳能力数据，绘制过鱼对象累积疲劳（突进游泳速度）百分比曲线，结果表明，在突进游泳速度的累积疲劳曲线中，95%、75%、50%的鱼类非疲劳（通过率）突进游泳速度分别为 1.88 m/s、1.58 m/s 和 1.48 m/s，如图 5.30 所示。

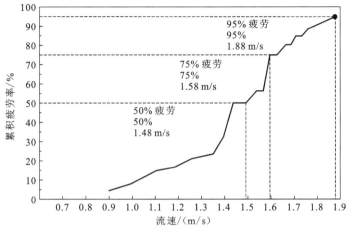

图 5.30　突进游泳速度的累积疲劳率与水流速度的关系

（6）最大上溯距离、最佳上溯距离与水流速度关系。

为了分析鱼类在高流速障碍下可游多远，过鱼设施内的最大突进上溯距离指标 D_{max} 可按公式（5.2）计算，其计算公式如下

$$D_{max} = (V_1 - V_2) \times 20 \tag{5.2}$$

式中：V_1 为鱼在 20 s 内的最大突进游泳速度（m/s）；V_2 为过鱼设施内部的水流速度（m/s）。

4 种试验鱼的最小突进游泳速度为 0.93 m/s，最佳突进游泳速度为 1.42 m/s，最大突进游泳速度为 2.1 m/s。根据公式（5.1）可得到鱼在突进游泳速度下的最大上溯距离与水流速度之间的关系（图 5.31）。

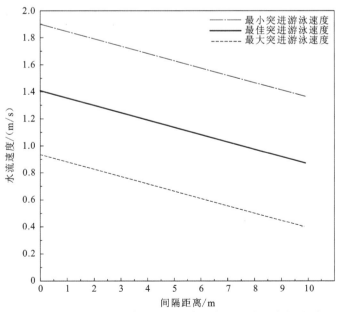

图 5.31　最大上溯距离及最佳上溯距离与水流速度的关系

4. 试验结果在鱼道设计中的应用

鱼道设计通常需考虑多种过鱼对象的游泳能力。感应流速是指鱼类刚刚能够产生趋流反应的流速值，鱼类的感应流速是鱼道设计的重要参数之一，若鱼道内设计流速过低，会导致鱼类难以找到鱼道进口，影响过鱼效率。因此，鱼道设计流速应大于主要过鱼对象的感应流速；此外，对于其他类型的过鱼设施，如升鱼机及集运鱼系统的上游放流点选择，应参考过鱼对象的感应流速，当怒江裂腹鱼、贡山裂腹鱼为主要过鱼对象时，建议鱼道内的最小控制流速不低于 0.24 m/s。一般情况下，鱼类通过鱼道依靠耐久游泳速度，但穿越鱼道进口或竖缝时会采用突进游泳速度。根据鱼类的趋流性，鱼道进口或竖缝处的流速设计值应较大，但应小于过鱼对象的突进游泳速度。根据本次试验结果，建议在以怒江裂腹鱼、贡山裂腹鱼为过鱼对象时，鱼道进口及竖缝处的流速应介于临界游泳速度与突进游泳速度之间，即 1.05～1.40 m/s；若要保证 80% 的鱼可通过鱼道成功上溯，则鱼道竖缝处流速最大不宜超过 1.23 m/s。鱼类进入鱼道内部后，若鱼道内设计流速过小，鱼类将迷失方向，建议鱼道内流速应介于感应流速和临界游泳速度之间，即整体平均流速为 0.24～1.05 m/s。值得注意的是，若鱼道要保证更大规格的鱼通过鱼道，其最低设计流速可适当提高。

爆发游泳是鱼类穿越高速水流时的游泳行为，突进游泳速度是鱼类进行无氧运动的重要指标。在鱼道设计方面，高速流区（鱼道进口处、内孔口及竖缝处）的设计流速应小于过鱼对象的突进游泳速度。综合本试验测得的临界游泳速度及突进游泳速度，当以怒江裂腹鱼和贡山裂腹鱼为主要过鱼对象时，建议鱼道高流速区最大流速应小于 1.40 m/s。

自然状态下，鱼类多采用持续式游泳以维持较低的代谢水平。本试验测得怒江裂腹鱼和贡山裂腹鱼的最大持续游泳速度均为 0.63 m/s。耐久游泳是鱼类游至疲劳的游泳类型，该状态下鱼类兼具无氧代谢和有氧代谢，直至鱼体内乳酸积累至疲劳。本试验测得怒江裂腹鱼和贡山裂腹鱼最大耐久游泳速度均为 0.73 m/s。在鱼道设计中，通常会设置休息池以恢复鱼类体能，池内的主流流速过大过小都会对过鱼效率产生不利影响，即主流水流速度介于过鱼对象感应流速和临界游泳速度之间。依据试验结果综合考虑，建议以怒江裂腹鱼和贡山裂腹鱼为主要过鱼对象时，休息池内的主流流速应设为 0.18～1.05 m/s。

5.6.2　木扎提河三级水电站过鱼对象游泳能力及其在鱼道设计中的应用

1. 工程概况及背景

木扎提河三级水电站是木扎提河水电规划的第三梯级电站。渠首位于英买力村下游 915 m 处。本工程以发电为主，总装机容量 160 MW。电站单独调节时，多年平均发电量 5.424 亿 kW·h，年利用小时数 3 390 h。电站由首部枢纽、引水系统、岸边厂房等建筑物组成。首部枢纽设置 5 孔拦河闸坝和引水渠系统，其中引水渠系统由进水闸、引水明渠、侧堰、泄洪冲沙闸、泄水明渠组成，总长 298.6 m。

木扎提河主河床上布置了拦河闸建筑物，主要由引渠段、闸室控制段、护坦段和消能防冲段组成。闸坝顶长约 60 m，坝顶高程为 2 163.50 m，最大闸高 9 m。拦河闸阻隔了河道的连通性，有必要修建过鱼设施。开展鱼道设计前，首先需要确定过鱼对象及其相应的生态习性和游泳能力，为鱼道设计提供可靠的依据。

随着新疆木扎提河流域的开发，水库和拦河闸的大量修建导致鱼类洄游通道阻隔，对河段鱼类生存及繁殖造成较大影响。斑重唇鱼作为木扎提河的土著物种，其资源量逐年下降，保护木扎提河鱼类资源已经刻不容缓。以木扎提河野生斑重唇鱼为对象，测试其感应流速、临界游泳速度、突进游泳速度、持续与耐久游泳速度等游泳能力，以期为新疆木扎提河流域鱼类行为学的研究提供基础资料，为斑重唇鱼的人工繁育、保护和木扎提河流域鱼道设计提供参考和依据。

2. 过鱼对象分析

新疆维吾尔自治区水产科学研究所受中国水产科学研究院委托，分别于 2014 年和 2018 年开展了木扎提河水域生态影响评价研究工作。在 2014 年水生生态调查中，木扎提三级电站工程影响河段只调查到斑重唇鱼；在 2018 年水生生态调查中，调查到了斑重唇鱼、长身高原鳅和叶尔羌原鳅三种鱼类。2019 年 9 月上旬在电站的上下游开展了鱼类资源调查，发现该河段优势鱼种为斑重唇鱼和长身高原鳅。斑重唇鱼是新疆的特有鱼类，并被列入《新疆维吾尔自治区重点保护水生野生动物名录（修订）》，保护级别为 II 级，在繁殖季节，进行短距离的生殖洄游，因此把斑重唇鱼列为主要过鱼对象。长身高原鳅分布于木扎提河干流，属河湖淡水洄游型鱼类，具有一定经济价值和资源量，工程的运行也一定程度上影响其生存、繁殖及基因交流，因此将其列为工程兼顾过鱼对象（表 5.1）。

表 5.1　木扎提三级电站过鱼对象一览表

	鱼名	洄游特征	资源量	保护鱼类	繁殖时间
主要过鱼对象	斑重唇鱼	√	＋	√	5～9 月
兼顾过鱼对象	长身高原鳅	√	＋		4～5 月

"√"表示具有该项特征；"＋"表示鱼类资源量一般

3. 试验材料及测试方法

1）试验装置

试验采用丹麦 LoligoSystem 公司生产的 SW10150 型游泳水槽进行鱼类游泳能力测试，测试区尺寸（长×宽×高）为 550 mm×140 mm×140 mm，容积为 30 L。测试区域可密封，也可通过潜水泵与外部矩形水槽进行水体交换。由变频器调节电动机转速，从而调节流速大小，测试区上游的蜂窝状稳流装置可保证测试区域流场均匀稳定。测试期间溶解氧含量及水温测定均采用 LoligoSystem 公司配套设备完成。

2）试验方法

（1）感应流速。感应流速的测定采用流速递增量法，将单尾试验鱼放置于游泳能力测试水槽中，静水下适应 1 h 后，每隔 5 s 以微调的方式逐步增大流速，同时观察鱼的游泳行为。当试验鱼游泳速度随着水流速度缓慢增加，出现游泳姿态摆正至头部朝向来水方向并均匀摆尾，该流速即为试验鱼的感应流速。

（2）临界游泳速度。试验开始前，先将试验鱼放置在流速为 1 BL/s 的游泳能力测试水槽中适应，缓解试验鱼的应激反应，适应时间为 1 h。适应结束后，采用流速递增量法进行测试，每 20 min 递增 1 次流速，流速增量为 1 BL/s，直至试验鱼疲劳（试验鱼停靠在下游网上时，轻拍下游壁面 20 s，鱼仍不重新游动，视为疲劳）。取出疲劳后的试验鱼并测量鱼体质量及常规形态学参数。临界游泳速度计算公式为

$$U_{crit} = U + \frac{t}{\Delta t} \Delta U$$

式中：U 为鱼能够完成持续时间 Δt 的最大游泳速度，Δt 为改变流速时间的间隔（20 min），t 为在最高流速下游泳的时间（min）；ΔU 为速度增量（1 BL/s）。相对临界游泳速度 U'_{crit} 计算公式为

$$U'_{crit} = \frac{U_{crit}}{BL} \tag{5.3}$$

式中：U_{crit} 为绝对临界游泳速度（BL/s）；BL 为试验鱼类体长（cm）。当试验鱼的最大横截面积大于 10% 的游泳区截面积时，会造成阻挡效应，需要进行校正，本研究试验鱼的最大横截面积小于 10% 的游泳区截面积，不会造成阻挡效应，不需要校正。

（3）突进游泳速度。突进游泳速度的测定亦采用流速递增量法，与临界游泳速度的测试方法基本一致，只是将流速改变时间间隔改为 20 s，流速增量仍为 1 BL/s，鱼体疲劳时对应的流速即为突进游泳速度。突进游泳速度计算公式与临界游泳速度计算公式一致。通过突进游泳速度预测鱼道最大流速区域的间隔距离：

$$D = (U_{burst} - V_f) \times 20 \tag{5.4}$$

式中：D 为游泳距离（cm）；U_{burst} 为持续游泳 20 s 可达到的最大游泳速度（cm/s）；V_f 水流速度（cm/s）。

（4）持续与耐久游泳速度测定。采用固定流速测试法，即在 1 BL/s 流速下适应 1 h 后，在 1 min 内将水流速度调至设定流速，设定流速的初始值参考试验鱼的平均临界游泳速度，记录在设定流速下的游泳时间，当某设定流速下的游泳时间超过 200 min 时停止试验。每个流速下重复 5～10 尾。根据试验结果，在该速度的基础上调整下一组鱼的设定流速，流速改变值为 0.1～0.2 m/s，本测试中设定的流速分别为 0.87 m/s、0.97 m/s、

1.07 m/s、1.17 m/s、1.27 m/s、1.37 m/s、1.39 m/s 和 1.47 m/s。当某一流速下有 50%的试验鱼持续游泳时间不小于 200 min 时，则此流速为最大持续游泳速度。小于最大持续游泳速度的流速值都称为持续游泳速度。当某一流速下有 50%的试验鱼持续游泳时间不大于 20 s，则此流速为最大耐久游泳速度。最大持续游泳速度至最大耐久游泳速度间的流速范围均为耐久游泳速度。

根据持续游泳时间可以计算出当鱼通过鱼道时，鱼道内所允许的最大平均水流速度：

$$V_{f,\max} = \max \left(V_{s\frac{d}{E_{vs}}} \right) \tag{5.5}$$

式中：$V_{f,\max}$ 为鱼道所允许的水流速度（cm/s）；V_s 为目标鱼的游泳速度（cm/s）；d 为鱼道长度（m）；E_{vs} 为目标鱼在 V_s 下的游泳耐力（s）。

4. 研究结果

1）感应流速

本试验测得斑重唇鱼绝对感应流速为（0.18±0.02）m/s，相对感应流速为（1.40±0.23）BL/s。绝对感应流速度体长增加变化不明显；相对感应游泳速度随体长的增加呈降低的趋势（图 5.32），相对感应流速与体长的拟合关系式：

$$y = -0.088x + 2.535 (R^2 = 0.367, P < 0.001) \tag{5.6}$$

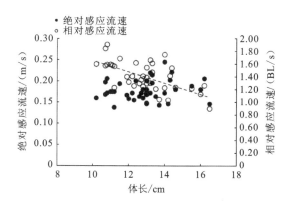

图 5.32　斑重唇鱼绝对感应流速及相对感应流速与体长的关系

2）临界游泳速度

斑重唇鱼绝对临界游泳速度 U_{crit} 为（1.02±0.15）m/s，相对临界游泳速度 U'_{crit} 为（8.58±1.65）BL/s。试验结果表明斑重唇鱼绝对临界游泳速度与体长关系不显著，但相对临界游泳速度随体长增加而减小（图 5.33），拟合关系式：

$$y = -0.645x + 16.382 (R^2 = 0.390, P < 0.001) \tag{5.7}$$

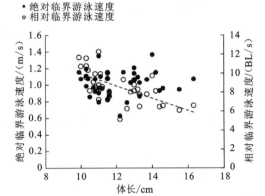

图 5.33　斑重唇鱼绝对临界游泳速度及相对临界游泳速度与体长的关系

3）突进游泳速度

斑重唇鱼的绝对突进游泳速度 U_{burst} 为（1.39±0.17）m/s，相对突进游泳速度 U'_{burst} 为（10.92±1.86）BL/s，其绝对突进游泳速度随体长递增没有明显的线性关系，相对突进游泳速度随体长增加呈下降的趋势（图 5.34），拟合关系式：

$$y = -0.842x + 21.747(R^2 = 0.484, P < 0.001) \tag{5.8}$$

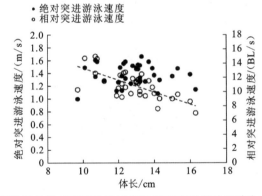

图 5.34　斑重唇鱼绝对突进游泳速度及相对突进游泳速度与体长的关系

斑重唇鱼最小突进游泳速度为 1.0 m/s，平均突进游泳速度为 1.39 m/s，最大突进游泳速度为 1.66 m/s。根据公式（5.4）可得最大流速区域的间隔距离与水流速度的关系图（图 5.35），若以最小突进游泳速度计算，当鱼道竖缝长度为 30 cm，鱼道竖缝处流速最大不宜超过 0.85 cm/s，这样可以保证游泳能力较弱的鱼也能成功通过鱼道。

4）持续与耐久游泳速度

通过试验结果可知，斑重唇鱼的游泳时间随着设定流速的递增明显下降（图 5.36）。初始设定流速接近平均临界游泳速度（1.07 m/s），当流速调节至 0.87 m/s 时，只有 50% 的试验鱼持续游泳时间大于 200 min；当初始设定流速增至 1.37 m/s 时，50% 的试验鱼持续游泳时间小于 20 s。故斑重唇鱼最大持续游泳速度为 0.87 m/s，最大耐久游泳速度为

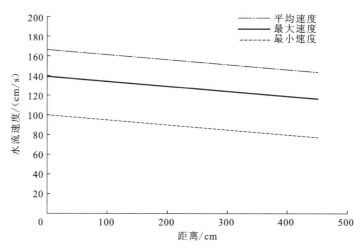

图 5.35　鱼道最大流速区域的间隔距离与所允许的水流速度关系

1.37 m/s（图 5.36）。拟合斑重唇鱼持续游泳时间（s）；水流速度（m/s）的关系：

$$\lg T = -5.136V + 8.504(R^2 = 0.681, P < 0.001) \tag{5.9}$$

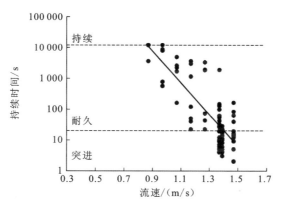

图 5.36　固定流速下斑重唇鱼的持续游泳时间

由公式（5.5）可得鱼道长度与鱼道内最大允许流速关系图（图 5.37）。当鱼道长度 d 为 10～1 000 m 时，鱼道内最大允许平均流速为 0.78～1.03 m/s。

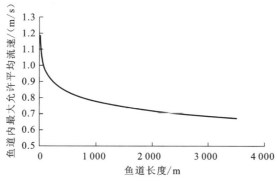

图 5.37　鱼道长度与鱼道内所最大允许平均水流速度的关系

5. 试验结果在鱼道设计中的应用

在鱼道设计时应充分考虑过鱼对象的游泳能力。例如，鱼道内水流速度应大于过鱼对象的感应流速，否则鱼类进入鱼道内会迷失方向。此外，鱼类增殖放流时，放流点的主流流速应大于鱼的感应流速。根据本试验的研究结果，在以斑重唇鱼为主要过鱼对象时，建议鱼道内设计流速不应低于 0.2 m/s。鱼道内孔口或者竖缝处的流速和进出口高流速区的流速都应小于鱼的突进游泳速度。斑重唇鱼的突进游泳速度为（1.39±0.17）m/s，斑重唇鱼最小突进游泳速度为 1.00 m/s，最大可达 1.66 m/s，由图 5.38 可知，当鱼道竖缝长度为 30 cm，为保证突进游泳速度最小的斑重唇鱼可以成功通过竖缝，建议鱼道竖缝处最大水流速度不宜超过 0.85 m/s。此外，还可以根据公式（5.4）检验鱼道最大流速区域的间隔距离设置是否会对鱼类上溯造成流速障碍。为了帮助鱼类快速找到并成功通过鱼道进口，在鱼道进口处一般采用较大的流速吸引鱼类，但进口流速需要在鱼类的耐受范围之内，通常是大于临界游泳速度，小于突进游泳速度。建议以斑重唇鱼为主要过鱼对象的鱼道进口流速设计为 1.02～1.39 m/s。鱼道尺寸、休息池距离的设计需考虑过鱼对象的持续游泳时间。根据游泳时间与游泳速度关系的耐力曲线，可计算得到鱼类在特定水流速度下的游泳时间和游泳距离，从而估算不同长度鱼道内所允许的最大平均水流速度，作为鱼道尺寸及流速设计的重要参考。如当鱼道长度为 1 000 m 时，建议鱼道内所允许的最大平均流速小于 0.78 m/s。鱼道休息池主流设计应介于感应流速和临界流速之间，建议以斑重唇鱼为主要过鱼对象的休息池主流设计为 0.20～1.02 m/s，有利于鱼在通过鱼道的过程中快速恢复体力。

5.6.3　马堵山水电站过鱼对象游泳能力及在集运鱼系统设计中的应用

1. 工程概况

马堵山水电站坝型为碾压混凝土重力坝，厂房形式为岸边地面厂房。枢纽总体布置方案：河床布置泄水建筑物，包括溢流坝段、底孔坝段、冲沙孔坝段，前沿总长 124 m，两岸为挡水坝段，总长 162.957 m，厂房进水口坝段位于左岸，前沿长 65.04 m，进水口与冲沙孔间连接坝段 11.5 m，枢纽坝顶总长 352.957 m，坝顶高程 222.5 m，最大坝高 107.5 m。泄洪方式以表孔为主、底孔兼排沙与放空，冲沙孔用于小流量排沙，消能方式为挑流消能。

水电站引水发电系统位于左岸，进水口与挡水坝结合布置，压力隧洞为单机单洞，单洞平均长 495.7 m，发电厂房位于左岸下游凸岸，为岸边地面厂房，安装三台混流式机组，机组安装高程为 140.92 m；变电站为厂内式，布置在主机间上游。室内开关站在主变场上层，面积为 919.2 m²。同时为保护水生生物洄游，还设置有过鱼设施。

2. 研究目的与意义

主要目的在于通过开展马堵山水电站坝址上下游水域鱼类资源现状、遗传多样性和生物学与生态习性及原位观测的研究，了解坝址上下游的鱼类种类组成与分布状况，分析坝址上下游鱼类遗传交流的必要性及有效过鱼数量；了解坝址上下游鱼类现状生境利用情况，预测成库后有效生境的数量与范围，以及核定最大过坝数量；测出过鱼对象游泳能力，将研究成果应用于集运鱼系统中，提高过鱼效率。

3. 试验装置及方法

1）过鱼对象

过鱼对象的选择要优先考虑本流域所特有的地方鱼类，即应优先保护的国家级、省级保护鱼类及濒危珍稀物种，其中暗色唇鲮（*Semilabeo obscurus*）、华南鲤（*Cyprinus carpio rubrofuscus*）和红鲩被确定为主要过鱼对象，并开展了游泳能力测试。

2）试验装置

感应流速、临界游泳速度、突进游泳速度测试均在游泳能力测试水槽中进行（图 5.38），变频器控制电动机转速，从而产生不同水流速度，测试区上游的整流器可保证测试区域流场均匀稳定。

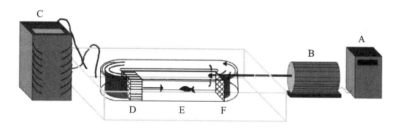

图 5.38　游泳能力测试水槽

A：变频器；B：电动机；C：恒温器；D：整流器；E：游泳槽；F：拦鱼网

3）试验方法

临界游泳速度 U_{crit} 按照流速递增量法进行临界游泳速度 U_{crit} 的测定。为了消除转移过程对试验鱼的影响，在 1 BL/s 的水流速度下适应 1 h，然后每 20 min 速度增加 1 BL/s，当鱼体不能抵抗水流速度继续游泳，其尾部贴在下游筛网目轻拍水面 20 s 鱼体没有行动反应，则视其达到力竭状态，U_{crit} 测试结束，绝对临界游泳速度（cm/s）的计算公式如下：

$$U_{crit} = U_{max} + \frac{t}{\Delta t} \Delta U$$

相对临界游泳速度：

$$U'_{\text{crit}} = \frac{U_{\text{crit}}}{\text{BL}}$$

式中：BL 为试验鱼的体长，cm。

当试验鱼的横截面积大于试验测试区横截面积 20.0%时，会引起堵塞效应，需要对测试结果进行纠正，本试验所用试验鱼的横截面积均小于测试试验区横截面积的 10.0%，故不需要纠正。

突进游泳速度 U_{burst} 与临界游泳速度的测试方法和计算公式基本一致，按照流速递增量法进行 U_{burst} 的测定，只是将流速递增时间间隔改为 20 s，流速递增间隔仍为 1 BL/s，此时鱼类力竭时对应的流速为突进游泳速度。

最大爆发上溯距离 D_{max} 是为了分析鱼类在高流速障碍下可游多远，本小节提出了过鱼设施内的最大爆发上溯距离指标 D_{max}，计算公式如下：

$$D_{\text{max}} = (V_1 - V_2) \times 20$$

式中：V_1 为鱼在 20 s 内的最大突进游泳速度，m/s；V_2 为过鱼设施内部的水流速度，m/s。

4. 测试结果

暗色唇鲮的感应流速为 0.06～0.07 m/s，平均感应流速为（0.07±0.01）m/s；相对感应流速为 0.96～1.51 BL/s，平均值为（1.17±0.14）BL/s，华南鲤的感应流速为 0.07～0.08 m/s，平均感应流速为（0.08±0.01）m/s；相对感应流速为 0.30～0.43 BL/s，平均值为（0.35±0.04）BL/s。红鲏的感应流速为 0.09～0.10 m/s，平均感应流速为（0.10±0.01）m/s；相对感应流速为 0.22～0.30 BL/s，平均值为（0.24±0.02）BL/s。

暗色唇鲮的绝对突进游泳速度为 0.77～1.11 m/s，平均值为（1.01±0.10）m/s；相对突进游泳速度为 10.67～20.60 BL/s，平均值为（16.79±3.10）BL/s。华南鲤的绝对突进游泳速度为 1.20～1.81 m/s，平均值为（1.49±0.18） m/s；相对突进游泳速度为 4.80～8.78 BL/s，平均值为（6.62±1.31）BL/s；红鲏的绝对突进游泳速度为 0.70～1.04 m/s，平均值为（0.86±0.10）m/s；相对突进游泳速度为 1.86～2.88 BL/s，平均值为（2.32±0.30）BL/s。

暗色唇鲮的绝对临界游泳速度为 0.57～0.59 m/s，平均值为（0.58±0.01） m/s；相对临界游泳速度为 0.67～0.64 BL/s，平均值为（9.44±0.80）BL/s；华南鲤的绝对临界游泳速度为 0.66～0.67 m/s，平均值为（0.66±0.01） m/s；相对临界游泳速度为 2.63～3.47 BL/s，平均值为（2.92±0.22）BL/s；红鲏的绝对临界游泳速度为 0.59～0.62 m/s，平均值为（0.61±0.01）m/s；相对临界游泳速度为 1.59～1.72 BL/s，平均值为（1.65±0.04）BL/s。

5. 鱼类游泳能力试验结果在集运鱼船设计中的应用

鱼类游泳能力主要与体长、水温和鱼种等多方面相关，集鱼船在流速设计中通常需考虑多目标鱼种的游泳能力。考虑在集鱼船过程中多鱼种和多参数的影响，通过累计疲劳曲线与流速的关系，提出 95%鱼类在非疲劳状态下的感应流速、临界游泳速度和突进游泳速度。

集运鱼船在进行进口流速设计时,会利用补水管道或水泵产生较大的水流吸引鱼类并帮助鱼类找到集运鱼船入口,若入口的流速过大会阻碍鱼类进入,若流速过小,则对鱼类的吸引力不足,所以建议集运鱼船入口设计流速应大于临界游泳速度且小于突进游泳速度。

鱼类成功通过入口后到达集运鱼船内的过鱼通道,若过鱼通道内的流速设计较小,鱼类将失去趋流性,所以建议过鱼通道内的流速应大于感应流速且小于临界游泳速度,当过鱼对象为暗色唇鲮、华南鲤和红鲚时,则建议集鱼舱内的过鱼通道整体平均流速设计范围为 0.1~0.6 m/s。

5.6.4　西藏藏木水电站过鱼对象连续过障能力及其在鱼道设计中的应用

1. 工程概况及背景

藏木水电站主要用于发电,兼顾生态环境用水要求,无航运、漂木、防洪、灌溉等综合利用要求。坝址控制流域面积 157 668 km²,多年平均流量 1 010 m³/s。电站采用左侧河床布置 6 孔溢流坝,右侧河床布置 6 台水轮发电机组的坝后式地面厂房枢纽布置方案。水库总库容为 0.93 亿 m³,正常蓄水位 3 310 m 以下库容为 0.866 亿 m³;死水位 3 305 m 以下库容为 0.736 亿 m³,调节库容 0.130 2 亿 m³,具有日调节能力。电站引用流量 1 071.3 m³/s,最大坝高 116 m,额定水头 53.5 m,总装机容量 510 MW,年发电量 25.008 亿 kW·h,工程总投资 96 亿元。

由于大坝阻断了鱼类洄游,只有鱼道等工程措施能有效保持河流纵向连通性,而鱼类游泳能力科学定量是鱼道设计的关键,本小节以野生异齿裂腹鱼为研究对象。首先在游泳能力测试水槽中测得试验鱼临界游泳速度和突进游泳速度;再以临界游泳速度和藏木水电站鱼道竖缝设计流速为参考,通过统计不同流态下试验鱼通过流速障碍成功率、相对成功率、通过效率和持续爆发游泳时间,来定量试验鱼通过流速障碍能力;同时通过将试验鱼上溯轨迹与速度场进行叠加,来探讨分析试验鱼如何利用流场达到上溯的目的。

2. 测试方法

1)试验工况

试验分 3 种工况,其中工况 1 水槽坡度为 1.10%,工况 2 和工况 3 水槽坡度为 2.00%。鱼类通过多级流速障碍试验(工况 1、工况 2)中,试验区固定 4 个障碍物,其中第 1 障碍物、第 2 障碍物和第 3 障碍物剖面为上底长 40 cm、下底长 100 cm、高 27 cm 的等腰梯形,第 4 障碍物(靠近上游回水池)剖面为上底长 40 cm、下底长 125 cm、高 27 cm 的梯形,形成长 40 cm、宽 22 cm 的 4 级竖缝;鱼类通过单级流速障碍试验(工况 3)障碍物剖面为上底长 160 cm、下底长 245 cm、高 27 cm 的梯形,形成了长 160 cm、宽 22 cm

的单级竖缝。

2）试验方法

每次试验将一尾试验鱼放入水槽下游适应区适应 10 min，适应结束后开始正式试验。试验鱼通过第四级竖缝和通过长 160 cm 的单级竖缝则试验结束，且每次试验时间不超过 60 min。试验水槽底部贴有与鱼体色有较大差异的白色反光膜，以便对鱼类运动轨迹进行视频追踪定位。试验后，截取试验鱼通过竖缝的游泳视频，并通过 LoggerPro3.12 软件提取试验鱼上溯轨迹坐标和通过竖缝所需时间（精确到 0.04 s）。

通过多级流速障碍能力及行为试验过程中记录试验鱼通过每级竖缝的时间、成功通过竖缝次数、尝试通过（鱼头部进入竖缝，但未通过的情况）次数以及计算通过多级流速障碍成功率（通过每级竖缝试验鱼尾数占总试验鱼尾数百分比）、相对成功率（成功通过每级竖缝试验鱼尾数占成功通过上一级竖缝试验鱼尾数百分比）和通过效率（每尾试验鱼成功通过竖缝总次数占尝试通过总次数和成功通过总次数之和的百分比）。为对比研究不同竖缝流速、不同竖缝长度下鱼类游泳速度，将长度为 160 cm 单级竖缝划分为 40 cm、80 cm、120 cm、160 cm 这 4 个等级，同样记录试验鱼成功通过竖缝和尝试通过的时间。

3. 过鱼对象

过鱼对象为异齿裂腹鱼，电捕于雅鲁藏布江藏木水电站坝下河段，捕获的试验鱼分批暂养于直径为 2.9 m 的钢化玻璃缸中，试验前进行饥饿暂养 48 h。暂养水取自雅鲁藏布江，水温为（14.6±1.1）℃，全天不间断充氧，溶解氧大于 6.0 mg/L。从大量渔获物中挑选出未受伤、体质健康的样本用于试验，共 147 尾。其中 18 尾[BL＝（19.41±2.33）cm、湿重 Wg＝（96.87±39.81）g]用于突进游泳速度测试，21 尾[BL＝（20.96±2.66）cm、Wg＝（137.96±45.16）g]用于临界游泳速度测试，39 尾[BL＝（20.02±1.86）cm，Wg＝（116.45±32.48）g]用于工况 1 通过 4 级流速障碍能力和行为试验，39 尾[BL＝（21.38±2.71）cm，Wg＝（139.05±51.17）g]用于工况 2 通过 4 级流速障碍能力和行为试验，30 尾[BL＝（22.61±2.09）cm，Wg＝（154.73±43.85）g]用于工况 3 通过单级流速障碍持续爆发游泳能力试验。

4. 测试结果

1）自主上溯游泳能力

对于成功通过四级竖缝的试验鱼，统计其通过每级竖缝所需持续游泳时间。通过工况 1、工况 2 各级竖缝持续游泳时间见表 5.2。两种工况下通过竖缝持续游泳时间具有显著差异，其中工况 1 下，每尾试验鱼通过各级竖缝持续游泳时间为（0.62±0.28）s，工况 2 下，为（1.08±0.68）s。试验鱼通过流速大于其临界游泳速度（101.01 cm/s）的竖缝所需持续游泳时间为（0.52±0.34）s。

表 5.2　工况 1、工况 2 试验鱼通过每级竖缝持续游泳时间

工况	通过竖缝需要时间/s				
	第一级竖缝	第二级竖缝	第三级竖缝	第四级竖缝	平均时间
工况 1	0.80±0.49	0.78±0.57	0.45±0.23	0.43±0.24	0.62±0.28
工况 2	2.02±1.68	0.60±0.26	0.53±0.27	0.49±0.31	1.08±0.68

通过单级流速障碍能力试验中有 28 尾试验鱼通过竖缝，1 尾尝试通过。通过不同长度竖缝，对应持续游泳时间、平均游泳速度见表 5.3。试验鱼通过不同长度竖缝游泳速度为（215.18±18.39）cm/s，且无显著性差异。

表 5.3　通过不同竖缝长度对应可通过流速以及持续爆发游泳能力

通过竖缝长度/cm	上溯轨迹提取数量	持续爆发游泳时间/s	流速/（cm/s）	游泳速度/（cm/s）
40	29	0.66±0.23	152.81±3.34	217.63±17.14
80	28	1.23±0.38	149.77±4.00	218.08±16.62
120	28	1.80±0.51	145.89±4.07	215.48±17.33
160	28	2.43±0.81	138.94±5.31	209.43±21.76

5. 鱼道中的应用

以鱼类临界游泳速度（101.01 cm/s）和藏木水电站鱼道竖缝流速（设计流速为 110.00 cm/s）为参考，通过在试验水槽内架设不同束窄梯形体，开展两种底坡条件下四级短竖缝[工况 1 和工况 2 下竖缝流度为（101.55±14.87）cm/s、（114.63±24.28）cm/s，竖缝顺水流长度均为 40 cm]和单级长竖缝[工况 3 下竖缝流速为（137.45±17.63）cm/s、竖缝顺水流长度为 160 cm]异齿裂腹鱼通过流速障碍能力和行为研究。通过统计不同流态下通过流速障碍成功率、相对成功率、通过效率和持续爆发游泳时间，定量了试验鱼通过流速障碍能力；过鱼对象通过流速大于其临界游泳速度的竖缝时，以与突进游泳速度无显著性差异的恒定游泳速度上溯。

工况 1 下，异齿裂腹鱼通过竖缝成功率从第一级的 87.18%降到第四级的 82.05%，工况 2 下成功率从第一级 92.31%降到第四级的 84.62%；工况 1 和工况 2 通过效率分别为（97.62±8.23）%、（84.99±21.38）%，通过平均流速为 106.05～152.81 cm/s 的竖缝时，游泳速度无显著性差异，速度为（214.01±30.64）cm/s，且与突进游泳速度（196.94 cm/s）无显著性差异。93.33%试验鱼以（209.43±21.76）cm/s 游泳速度成功通过长度为 160 cm、流速为（137.45±17.63）cm/s 的单级流速障碍。设计流速为 110.00 cm/s 的藏木水电站鱼道竖缝流速对异齿裂腹鱼上溯不构成流速障碍，但综合上溯效率和鱼道建设成本，还须设置覆盖面更广的竖缝流速范围，进一步确定鱼类上溯效率最佳的水力条件。

参 考 文 献

白音包力皋, 郭军, 吴一红, 2011. 国外典型过鱼设施建设及其运行情况[J]. 中国水利水电科学研究院学报, 9(2): 116-120.

边永欢, 孙双科, 张国强, 等, 2015a. 竖缝式鱼道 90°转弯段水力特性的数值模拟[J]. 水生态学杂志, 36(1): 53-59.

边永欢, 孙双科, 郑铁刚, 等, 2015b. 竖缝式鱼道180°转弯段的水力特性与改进研究[J]. 四川大学学报(工程科学版), 47(1): 90-96.

蔡露, 房敏, 涂志英, 等, 2013. 与鱼类洄游相关的鱼类游泳特性研究进展[J]. 武汉大学学报(理学版), 59(4): 363-368.

蔡露, 王伟营, 王海龙, 等, 2018. 鱼感应流速对体长的响应及在过鱼设施流速设计中的应用[J]. 农业工程学报, 34(2): 176-181.

曹庆磊, 杨文俊, 陈辉, 2010. 同侧竖缝式鱼道水力特性的数值模拟[J]. 长江科学院院报, 27(7): 26-30.

柴毅, 黄俊, 朱挺兵, 等, 2019. 短须裂腹鱼仔稚鱼底质选择性初步研究[J]. 淡水渔业, 49(1): 42-45.

常剑波, 陈永柏, 高勇, 等, 2008. 水利水电工程对鱼类的影响及减缓对策[C]//中国水利学会. 中国水利学会 2008 学术年会论文集（上册）. 北京: 中国水利水电出版社.

陈凯麒, 常仲农, 曹晓红, 等, 2012. 我国鱼道的建设现状与展望[J]. 水利学报, 43(2): 182-188, 197.

陈求稳, 张建云, 莫康乐, 等, 2020. 水电工程水生态环境效应评价方法与调控措施[J]. 水科学进展, 31(05): 793-810.

邓云, 李嘉, 李克锋, 等, 2010. 梯级电站水温累积影响研究[J]. 水科学进展(2): 273-279.

董哲仁, 赵进勇, 张晶, 2019. 3 流 4 D 连通性生态模型[J]. 水利水电技术, 50(6): 134-141.

方佳佳, 王烜, 孙涛, 等, 2018. 河流连通性及其对生态水文过程影响研究进展[J]. 水资源与水工程学报, 29(2): 19-25.

冯镜洁, 李然, 李克锋, 等, 2010. 高坝下游过饱和 TDG 释放过程研究[J]. 水力发电学报, 29(1): 7-12.

冯镜洁, 李然, 唐春燕, 等, 2012. 含沙量对过饱和总溶解气体释放过程影响分析[J]. 水科学进展, 23(5): 702-708.

付浩龙, 李亚龙, 2020. 关于加快长江流域农村水电绿色发展的思考[J]. 人民长江, 51(S2): 37-40.

郭维东, 孟文, 熊守纯, 等, 2015. 同侧竖缝式鱼道结构优化数值模拟研究[J]. 长江科学院院报, 32(2): 48-52.

黄峰, 魏浪, 李磊, 等, 2009. 乌江干流中上游水电梯级开发水温累积效应[J]. 长江流域资源与环境, 18(4): 337-342.

贾建辉, 陈建耀, 龙晓君, 2019. 水电开发对河流生态环境影响及对策的研究进展[J]. 华北水利水电大学学报(自然科学版), 40(2): 62-69.

蒋固政, 2008. 长江流域大型水利工程与鱼类资源救护[J]. 人民长江, 39(23): 62-64, 138.

柯森繁, 金志军, 李志敏, 等, 2022. 我国 8 个水电站 15 种过鱼对象游泳能力研究[J]. 湖泊科学, 34(5): 1608-1619.

雷青松, 涂志英, 石迅雷, 等, 2020. 应用于鱼道设计的新疆木扎提河斑重唇鱼的游泳能力测试[J]. 水产学报, 44(10): 1718-1727.

李陈, 2012. 长江上游梯级水电开发对鱼类生物多样性影响的初探[D]. 武汉: 华中科技大学.

李大鹏, 庄平, 严安生, 等, 2004. 光照、水流和养殖密度对史氏鲟稚鱼摄食、行为和生长的影响[J]. 水产学报(1): 54-61.

李丹, 林小涛, 李想, 2008, 等. 水流对杂交鲟幼鱼游泳行为的影响[J]. 淡水渔业, 38(6): 46-51.

李婷, 唐磊, 王丽, 等, 2020. 水电开发对鱼类种群分布及生态类型变化的影响: 以溪洛渡至向家坝河段为例[J]. 生态学报, 40(4): 1473-1485.

廖伯文, 安瑞冬, 李嘉, 等, 2018. 高坝过鱼设施集诱鱼进口水力学条件数值模拟与模型试验研究[J]. 工程科学与技术, 50(5): 87-93.

林育青, 马君秀, 陈求稳, 2017. 拆坝对河流生态系统的影响及评估方法综述[J]. 水利水电科技进展, 37(5): 9-15, 21.

刘稳, 诸葛亦斯, 欧阳丽, 2009. 等. 水动力学条件对鱼类生长影响的试验研究[J]. 水科学进展, 20(6): 812-817.

刘志雄, 周赤, 黄明海, 2010. 鱼道应用现状和研究进展[J]. 长江科学院院报, 27(4): 28, 31-35.

卢红伟, 2005. 水电开发与生态环境保护[J]. 四川水力发电(S1): 105-106, 117.

罗会明, 郑微云, 1979. 鳗鲡幼鱼对颜色光的趋光反应[J]. 淡水渔业(8): 9-16.

罗清平, 袁重桂, 阮成旭, 等, 2007. 孔雀鱼幼苗在光场中的行为反应分析[J]. 福州大学学报(自然科学版)(4): 631-634.

罗小凤, 李嘉, 2010. 竖缝式鱼道结构及水力特性研究[J]. 长江科学院院报, 27(10): 50-54.

孙双科, 邓明玉, 李英勇, 2006. 北京市上庄新闸竖缝式鱼道的水力设计研究[C]//中国水利学会中国水力发电工程学会中国大坝委员会. 水电 2006 国际研讨会论文集. 北京: 水利水电出版社.

涂志英, 李丽萍, 袁喜, 等, 2016. 圆口铜鱼幼鱼可持续游泳能力及活动代谢研究[J]. 淡水渔业, 46(1): 33-38.

王萍, 桂福坤, 吴常文, 等, 2009. 光照对眼斑拟石首鱼行为和摄食的影响[J]. 南方水产, 5(5): 57-62.

王萍, 桂福坤, 吴常文, 2010. 鱼类游泳速度分类方法的探讨[J]. 中国水产科学, 17(5): 1137-1146.

魏开建, 张海明, 张桂蓉, 2012. 鳜鱼苗在光场中反应行为的初步研究[J]. 水利渔业(1): 4-6.

夏继红, 陈永明, 周子晔, 等, 2017. 河流水系连通性机制及计算方法综述[J]. 水科学进展, 28(5): 780-787.

夏军, 高扬, 左其亭, 等, 2012. 湖水系连通特征及其利弊[J]. 地理科学进展, 31(1): 26-31.

肖炜, 李大宇, 杨弘, 等, 2012. 奥利亚罗非鱼在光场中的行为反应研究[J]. 中国农学通报, 28(26): 105-109.

徐体兵, 孙双科, 2009. 竖缝式鱼道水流结构的数值模拟[J]. 水利学报, 40(11): 1386-1391.

许传才, 伊善辉, 陈勇, 2008. 不同颜色的光对鲤的诱集效果[J]. 大连水产学院学报(1): 20-23.

殷名称, 1995. 鱼类生态学[M]. 北京: 中国农业出版社.

于晓明, 崔闻达, 陈雷, 等, 2017. 水温、盐度和溶氧对红鳍东方鲀幼鱼游泳能力的影响[J]. 中国水产科学, 24(3): 543-549.

余志堂, 邓中粦, 许蕴轩, 等, 1981. 丹江口水利枢纽兴建以后的汉江鱼类资源[C]// 鱼类学论文集(第一辑). 北京: 科学出版社.

俞文钊, 何大仁, 郑玉水, 1978. 在光梯度条件下兰圆鲹、鲐鱼的行为反应[J]. 厦门大学学报(自然科学版)(4): 1-13.

张恩仁, 张经, 2003. 三峡水库对长江 N、P 营养盐截留效应的模型分析[J]. 湖泊科学(1): 41-48.

郑金秀, 韩德举, 胡望斌, 等, 2010. 与鱼道设计相关的鱼类游泳行为研究[J]. 水生态学杂志, 31(5): 104-110.

周仕杰, 何大仁, 吴清天, 1993. 几种幼鱼曲线游泳能力的比较研究[J]. 海洋与湖沼(6): 621-626.

周应祺, 王军, 钱卫国, 等, 2013. 鱼类集群行为的研究进展[J]. 上海海洋大学学报, 22(5): 734-743.

邹淑珍, 吴志强, 胡茂林, 等, 2010. 峡江水利枢纽对赣江中游鱼类资源影响的预测分析[J]. 南昌大学学报(理科版), 34(3): 289-293.

ADAMS S R, ADAMS G L, PARSONS G R, 2003. Critical swimming speed and behavior of juvenile shovelnose sturgeon and pallid sturgeon[J]. Transactions of the American fisheries society, 132(2): 392-397.

AKIYAMA S, ARIMOTO T, INOUE M, 1991. Fish herding effect by air bubble curtain in small scale experimental tank[J]. Bulletin of the Japanese society of scientific fisheries (Japan), 57(7), 37-40.

ALEXANDRE C M, QUINTELLA B R, SILVA A T, et al., 2013. Use of electromyogram telemetry to assess the behavior of the Iberian barbel (Luciobarbus bocagei steindachner, 1864) in a pool-type fishway[J]. Ecological engineering, 51: 191-202.

ALMEIDA R M, HAMILTON S K, ROSI E J, et al., 2020. Hydropeaking operations of two run-of-river mega-dams alter downstream hydrology of the largest amazon tributary[J]. Frontiers in environmental science, 8: 120.

AMADO A A, 2012. Development and application of a mechanistic model to predict juvenile salmon swim paths[D]. Io wa: The university of Iowa.

ANWAR S B, CATHCART K, DARAKANANDA K, et al., 2016. The effects of steady swimming on fish escape performance[J]. Journal of comparative physiology, 202: 425-433.

ARENAS A, POLITANO M, WEBER L, et al., 2015. Analysis of movements and behavior of smolts swimming in hydropower reservoirs[J]. Ecological modelling, 312: 292-307.

ARIMOTO T, 1993. Fishherding effect of an air bubble curtain and its application to set-net fisheries[J]. Fish behaviour in relation to fishing operations, 196: 155-160.

ATKINSON E M, BATEMAN A W, Dill L M, et al., 2018. Oust the louse: Leaping behaviour removes sea lice from wild juvenile sockeye salmon oncorhynchus nerka[J]. Journal of fish biology, 93(2): 263-271.

BAIN M, HALEY N, PETERSON D, et al., 2000. Harvest and habitats of atlantic sturgeon acipenser oxyrinchus mitchill, 1815 in the hudson river estuary: Lessons for sturgeon conservation[J]. Boletin-instituto espanol de Oceanografia, 16(1/4): 43-54.

BARBAROSSA V, SCHMITTS R J P, HUIJBREGTS M A J, et al., 2020. Impacts of current and future large dams on the geographic range connectivity of freshwater fish worldwide[J]. Proceedings of the national academy of sciences, 117(7): 3648-3655.

BEAMISH F W H, 1978. Swimming capacity[M]//Fish physiology. New York Academic press.

BELLETTI B, GARCIA DE LEANIZ C, JONES J, et al., 2020. More than one million barriers fragment europe's rivers[J]. Nature, 588(7838): 436-441.

BERMUDEZ M, PUERTAS J, CEA L, et al., 2010. Influence of pool geometry on the biological efficiency of vertical slot fishways[J]. Ecological engineering, 36(10): 1355-1364.

BEST J, 2019. Anthropogenic stresses on the world's bigrivers[J]. Nature geoscience, 12(1): 7-21.

BLAKE R W, 2004. Fish functional design and swimming performance[J]. Journal of fish biology, 65(5): 1193-1222.

BLAXTER J H S, 1969. Visual thresholds and spectral sensitivity of flatfish larvae[J]. Journal of experimental biology, 51(1): 221-230.

BOGGS C T, KEEFER M L, PEERY C A, et al., 2004. Fallback reascension, and adjusted fishway escapement estimates for adult Chinook salmon and steelhead at Columbia and Snake river dams[J]. Transactions of the American fisheries society, 133(4): 932-949.

BRETT J R, 1964. The respiratory metabolism and swimming performance of young sockeye salmon[J]. Journal of the fisheries board of Canada, 21(5): 1183-1226.

BRETT J R, 1967. Swimming performance of sockeye salmon (oncorhynchus nerka) in relation to fatigue time and temperature[J]. Journal of the fisheries board of Canada, 24(8): 1731-1741.

BUNT C M, COOKE S J, MCKINLEY R S, 2000. Assessment of the dunnville fishway for passage of walleyes from lake erie to the Grand river, ontario[J]. Journal of great lakes research, 26(4): 482-488.

CARLSON R L, LAUDER G V, 2010. Living on the bottom: kinematics of benthic station-holding in darter fishes (Percidae: etheostomatinae)[J]. Journal of morphology, 271(1): 25-35.

CASTELLO L, MACEDO M N, 2016. Large-scale degradation of amazonian freshwater ecosystems[J]. Global change biology, 22(3): 990-1007.

CASTRO-SANTOS T, SANZ-RONDA F J, RUIZ-LEGAZPI J, 2013. Breaking the speed limit—comparative sprinting performance of brook trout (Salvelinus fontinalis) and brown trout (Salmo trutta)[J]. Canadian journal of fisheries and aquatic sciences, 70(2): 280-293.

CASTRO-SANTOS T, 2005. Optimal swim speeds for traversing velocity barriers: an analysis of volitional high-speed swimming behavior of migratory fishes[J]. Journal of experimental biology, 208(3): 421-432.

CHEN Q, LI Q, LIN Y, et al., 2023. River damming impacts on fish habitat and associated conservation measures[J]. Reviews of geophysics, 61(4): e2023RG000819.

CHEONG T S, KAVVAS M L, ANDERSON E K, 2006. Evaluation of adult white sturgeon swimming capabilities and applications to fishway design[J]. Environmental biology of fishes, 77: 197-208.

CHEY L W, DENG H, et al., 2016. Changesincentral Asia swater tower: Past, presentand future[J]. Scientific reports, 6: 35458.

CHONG X Y, VERICAT D, BATALLA R J, et al., 2021. A review of the impacts of dams on the hydromorphology of tropical rivers[J]. Science of the total environment, 794: 148686.

COLAVECCHIA M, KATOPODIS C, GOOSNEV R, et al., 1998. Measurement of burst swimming performance in wild atlantic salmon (Salmo salar L.) using digital telemetry[J]. Regulated rivers: Research & Management: An international journal devoted to river research and management, 14(1): 41-51.

COLLEN B E N, LOH J, WHITMEE S, et al., 2009. Monitoring change in vertebrate abundance: The living planet index[J]. Conservation biology, 23(2): 317-327.

CONKLIN E G, 1944. The early history of the American naturalist[J]. The American naturalist, 78(774): 29-37.

COOMBS S, BAK-COLEMAN J, MONTGOMERY J, 2020. Rheotaxis revisited: a multi-behavioral and multisensory perspective on how fish orient to flow[J]. Journal of experimental biology, 223(23): jeb223008.

COOPER A R, INFANTE D M, DANIEL W M, et al., 2017. Assessment of dam effects on streams and fish assemblages of the conterminous USA[J]. Science of the total environment, 586: 879-889.

COUTO T B A, MESSAGER M L, OLDEN J D, 2021. Safeguarding migratory fish via strategic planning of future small hydropower in Brazil[J]. Nature sustainability, 4(5): 409-416.

CROWDER D W, DIPLAS P, 2000. Using two-dimensional hydrodynamic models at scales of ecological importance[J]. Journal of hydrology, 230(3/4): 172-191.

DANHOFF B M, HUCKINS C J, 2020. Modelling submerged fluvial substrates with structure-from-motion photogrammetry[J]. River research and applications, 36(1): 128-137.

DÍAZ G, GÓRSKI K, HEINO J, et al., 2021. The longest fragment drives fish beta diversity in fragmented river networks: Implications for river management and conservation[J]. Science of the total environment, 766: 144323.

DOCKERY D R, MCMAHON T E, KAPPENMAN K M, et al., 2017. Swimming performance of sauger (Sander canadensis) in relation to fish passage[J]. Canadian journal of fisheries and aquatic sciences, 74(12): 2035-2044.

DOMENICI P, BATTY R S, 1997. Escape behaviour of solitary herring (Clupea harengus) and comparisons with schooling individuals[J]. Marine biology, 128(1): 29-38.

DUARTE B A F, RAMOS I C R, 2012. Reynolds shear-stress and velocity: Positive biological response of neotropical fishes to hydraulic parameters in a vertical slot fishway[J]. Neotropical ichthyology, 10: 813-819.

DUTIL J D, SYLVESTRE E L, GAMACHE L, et al., 2007. Burst and coast use, swimming performance and metabolism of atlantic cod Gadus morhua in sub-lethal hypoxic conditions[J]. Journal of fish biology, 71(2): 363-375.

ENDERS E C, BOISCLAIR D, ROY A G, 2003. The effect of turbulence on the cost of swimming for juvenile atlantic salmon (Salmo salar)[J]. Canadian journal of fisheries and aquatic sciences, 60(9): 1149-1160.

ENDERS E C, BOISCLAIR D, ROY A G, 2005. A model of total swimming costs in turbulent flow for juvenile atlantic salmon (Salmo salar)[J]. Canadian journal of fisheries and aquatic sciences, 62(5): 1079-1089.

FIELDS P A, SOMERO G N, 1997. Amino acid sequence differences cannot fully explain interspecific variation in thermal sensitivities of gobiid fish A4-lactate dehydrogenases (A4-LDHs)[J]. Journal of experimental biology, 200(13): 1839-1850.

FISH F E, HOWLE L E, MURRAY M M, 2008. Hydrodynamic flow control in marine mammals[J]. Integrative and comparative biology, 48(6): 788-800.

FLECKER A S, SHI Q, ALMEIDA R M, et al., 2022. Reducing adverse impacts of Amazon hydropower expansion[J]. Science, 375(6582): 753-760.

FULLER M R, DOYLE M W, STRAYER D L, 2015. Causes and consequences of habitat fragmentation in river networks[J]. Annals of the New York academy of sciences, 1355(1): 31-51.

GEORGE A E, GARCIA T, CHAPMAN D C, 2017. Comparison of size, terminal fall velocity, and density of bighead carp, silver carp, and grass carp eggs for use in drift modeling[J]. Transactions of the American fisheries society, 146(5): 834-843.

GOETTEL M T, ATKINSON J F, BENNETT S J, 2015. Behavior of western blacknose dace in a turbulence modified flow field[J]. Ecological engineering, 74: 230-240.

GRILL G, LEHNER B, THIEME M, et al., 2019. Mapping the world's free-flowing rivers[J]. Nature, 569(7755): 215-221.

GUDGER E W, 1944. Fishes that play "Leapfrog" [J]. American naturalist(78): 451-463.

GUINY E, ERVINE D A, ARMSTRONG J D, 2005. Hydraulic and biological aspects of fish passes for atlantic salmon[J]. Journal of hydraulic engineering, 131(7): 542-553.

HAMMER C, 1995. Fatigue and exercise tests with fish[J]. Comparative biochemistry and physiology part a: Physiology, 112(1): 1-20.

HANSON K C, COOKE S J, HINCH S G, et al., 2008. Individual variation in migration speed of upriver-migrating sockeye salmon in the Fraser river in relation to their physiological and energetic status at marine approach[J]. Physiological and biochemical zoology, 81(3): 255-268.

HEGGENES J, 2002. Flexible summer habitat selection by wild, allopatric brown trout in lotic environments[J]. Transactions of the American fisheries society, 131(2): 287-298.

HOU Y, YANG Z, AN R, et al., 2019. Water flow and substrate preferences of Schizothorax wangchiachii (Fang, 1936)[J]. Ecological engineering, 138: 1-7.

JARDIM P F, MELO M M M, RIBEIRO L C, et al., 2020. A modeling assessment of large-scale hydrologic alteration in south American pantanal due to upstream dam operation[J]. Frontiers in environmental science, 8: 567450.

JOHNSTON M, FRANTZICH J, ESPE M B, et al., 2020. Contrasting the migratory behavior and stranding risk of white sturgeon and chinook salmon in a modified floodplain of california[J]. Environmental biology of fishes, 103: 481-493.

KAMAL R, ZHU D Z, LEAKE A, et al., 2019. Dissipation of supersaturated total dissolved gases in the intermediate mixing zone of a regulated river[J]. Journal of environmental engineering, 145(2): 04018135.

KAWAMOTO N Y, TAKAEDA M, 1951. The influence of wave lengths of light on the behaviour of young marine fish[J]. Report of the faculty of fisheries, Prefectural university of Mie(1): 41-53.

KEMP P S, 2012. Bridging the gap between fish behaviour, performance and hydrodynamics: an ecohydraulics approach to fish passage research[J]. River research and applications, 28(4): 403-406.

LAURITZEN D V, HERTEL F S, JORDAN L K, et al., 2010. Salmon jumping: behavior, kinematics and optimal conditions, with possible implications for fish passageway design[J]. Bioinspiration & Biomimetics, 5(3): 035006.

LENNOX R J, PAUKERT C P, AARESTRUP K, et al., 2019. One hundred pressing questions on the future of global fish migration science, conservation, and policy[J]. Frontiers in ecology and evolution, 7: 286.

LIAO J C, BEAL D N, LAUDER G V, et al., 2003. Fish exploiting vortices decrease muscle activity[J]. Science, 302(5650): 1566-1569.

LIAO J C, 2004. Neuromuscular control of trout swimming in a vortex street: Implications for energy economy during the Karman gait[J]. Journal of experimental biology, 207(20): 3495-3506.

LIN C, DAI H, SHI X, et al., 2019. An experimental study on fish attraction using a fish barge model[J]. Fisheries research, 210: 181-188.

LUPANDIN A I, 2005. Effect of flow turbulence on swimming speed of fish[J]. Biology bulletin, 32: 461-466.

MONTGOMERY J C, BAKER C F, CARTON A G, 1997. The lateral line can mediate rheotaxis in fish[J]. Nature, 389(6654): 960-963.

MORÁN-LÓPEZ R, TOLOSA O U, 2018. Obstacle negotiation attempts by leaping cyprinids indicate bank-side spawning migration routes[J]. Fisheries research, 197: 84-87.

NEMETH R S, ANDERSON J J, 1992. Response of juvenile coho and chinook salmon to strobe and mercury vapor lights[J]. North American journal of fisheries management, 12(4): 684-692.

NERAAS L P, SPRUELL P, 2001. Fragmentation of riverine systems: The genetic effects of dams on bull trout (Salvelinus confluentus) in the Clark fork river system[J]. Molecular ecology, 10(5): 1153-1164.

PANKANIN G L, KULIŃCZAK A, BERLIŃSKI J, 2007. Investigations of Karman vortex street using flow visualization and image processing[J]. Sensors and actuators A: Physical, 138(2): 366-375.

PASCUAL M A, QUINN T P, FUSS H, 1995. Factors affecting the homing of fall chinook salmon from Columbia river hatcheries[J]. Transactions of the American fisheries society, 124(3): 308-320.

PEAKE S, 2004. An evaluation of the use of critical swimming speed for determination of culvert water velocity criteria for smallmouth bass[J]. Transactions of the American fisheries society, 133(6): 1472-1479.

PEAKE S J, 2008. Gait transition speed as an alternate measure of maximum aerobic capacity in fishes[J]. Journal of fish biology, 72(3): 645-655.

PEAKE S J, FARRELL A P, 2004. Locomotory behaviour and post-exercise physiology in relation to swimming speed, gait transition and metabolism in free-swimming smallmouth bass (Micropterus dolomieu)[J]. Journal of experimental biology, 207(9): 1563-1575.

PEAKE S, BEAMISH F W H, MCKINLEY R S, et al., 1997. Relating swimming performance of lake sturgeon, acipenser fulvescens, to fishway design[J]. Canadian journal of fisheries and aquatic sciences, 54(6): 1361-1366.

PLAUT I, 2001. Critical swimming speed: Its ecological relevance[J]. Comparative biochemistry and physiology part a: Molecular & Integrative physiology, 131(1): 41-50.

PUERTAS J, PENA L, TEIJEIRO T, 2004. Experimental approach to the hydraulics of vertical slot fishways[J]. Journal of hydraulic engineering, 130(1): 10-23.

RAJARATNAM, NALLAMUTHU, 1986. Hydraulics of Vertical Slot Fishways. Journal of hydraulic engineering, 112: 909-927.

RICHINS S M, SKALSKI J R, 2018. Steelhead overshoot and fallback rates in the Columbia-Snake river basin and the influence of hatchery and hydrosystem operations[J]. North American journal of fisheries management, 38(5): 1122-1137.

SANTOS J M, BRANCO P, KATOPODIS C, et al., 2014. Retrofitting pool-and-weir fishways to improve passage performance of benthic fishes: Effect of boulder density and fishway discharge[J]. Ecological engineering, 73: 335-344.

SANZ-RONDA F J, BRAVO-CÓRDOBA F J, FUENTES-PÉREZ J F, et al., 2016. Ascent ability of brown trout, salmo trutta, and two Iberian cyprinids-Iberian barbel, Luciobarbus bocagei, and northern straight-mouth nase, Pseudochondrostoma duriense-in a vertical slot fishway[J]. Knowledge and management of aquatic ecosystems(417): 10.

SANZ-RONDA F J, RUIZ-LEGAZPI J, BRAVO-CÓRDOBA F J, et al., 2015. Sprinting performance of two Iberian fish: Luciobarbus bocagei and Pseudochondrostoma duriense in an open channel flume[J].

Ecological engineering, 83: 61-70.

SCHUSTER S, WÖHL S, GRIEBSCH M, et al., 2006. Animal cognition: how archer fish learn to down rapidly moving targets[J]. Current biology, 16(4): 378-383.

SHI X, JIN Z, LIU Y, et al., 2018. Can age-0 silver carp cross laboratory waterfalls by leaping?[J]. Limnologica, 69: 67-71.

SHI X, KE S, TU Z, et al., 2022. Swimming capability of target fish from eight hydropower stations in China relative to fishway design[J]. Canadian journal of fisheries and aquatic sciences, 79(1): 124-132.

SHIELDS JR F D, COOPER C M, KNIGHT S S, 1995. Experiment in stream restoration[J]. Journal of hydraulic engineering, 121(6): 494-502.

SILVA A T, SANTOS J M, FERREIRA M T, et al., 2011. Effects of water velocity and turbulence on the behaviour of Iberian barbel (Luciobarbus bocagei, Steindachner 1864) in an experimental pool-type fishway[J]. River research and applications, 27(3): 360-373.

SILVA A T, KATOPODIS C, SANTOS J M, et al., 2012a. Cyprinid swimming behaviour in response to turbulent flow[J]. Ecological engineering, 44: 314-328.

SILVA A T, SANTOS J M, FERREIRA M T, et al., 2012b. Passage efficiency of offset and straight orifices for upstream movements of Iberian barbel in a pool-type fishway[J]. River research and applications, 28(5): 529-542.

SMITH D L, BRANNON E L, 2005. Odeh M. Response of juvenile rainbow trout to turbulence produced by prismatoidal shapes[J]. Transactions of the American fisheries society, 134(3): 741-753.

SOARES D, BIERMAN H S, 2013. Aerial jumping in the trinidadian guppy (Poecilia reticulata)[J]. PloS one, 8(4): e61617.

SPENCER J, 1928. Fish screens in California irrigation ditches[J]. California fish and game, 14(3): 68-75.

STEVAUX J C, MARTINS D P, MEURER M, 2009. Changes in a large regulated tropical river: The Paraná river downstream from the Porto primavera dam, Brazil[J]. Geomorphology, 113(3/4): 230-238.

TARRADE L, TEXIER A, DAVID L, et al., 2008. Topologies and measurements of turbulent flow in vertical slot fishways[J]. Hydrobiologia, 609: 177-188.

TRITICO H M, COTEL A J, 2010. The effects of turbulent eddies on the stability and critical swimming speed of creek chub (Semotilus atromaculatus)[J]. Journal of experimental biology, 213(13): 2284-2293.

TUDORACHE C, VIAENEN P, BLUST R, et al., 2007. Longer flumes increase critical swimming speeds by increasing burst-glide swimming duration in carp cyprinus carpio, L[J]. Journal of fish biology, 71(6): 1630-1638.

VIDELER J J, WEIHS D, 1982. Energetic advantages of burst-and-coast swimming of fish at high speeds[J]. Journal of experimental biology, 97(1): 169-178.

WANG Y, RHOADS B L, WANG D, 2016. Assessment of the flow regime alterations in the middle reach of the Yangtze river associated with dam construction: potential ecological implications[J]. Hydrological processes, 30(21): 3949-3966.

WEBB P W, 1998. Entrainment by river chub nocomis micropogon and smallmouth bass micropterus dolomieu on cylinders[J]. Journal of experimental biology, 201(16): 2403-2412.

WEBB P W, COTEL A J, 2011. Assessing possible effects of fish-culture systems on fish swimming: The role of stability in turbulent flows[J]. Fish physiology and biochemistry, 37: 297-305.

YANASE K, EAYRS S, ARIMOTO T, 2007. Influence of water temperature and fish length on the maximum swimming speed of sand flathead, Platycephalus bassensis: implications for trawl selectivity[J]. Fisheries research, 84(2): 180-188.

YOUNG P S, CECH J J, THOMPSON L C, 2011. Hydropower-related pulsed-flow impacts on stream fishes: A brief review, conceptual model, knowledge gaps, and research needs[J]. Reviews in Fish Biology and Fisheries, 21: 713-731.